The Cross-Border E-Commerce

跨境电商视觉呈现

阿里巴巴速卖通宝典

速卖通大学 编著

电子工业出版社
Publishing House of Electronics Industry
北京·BEIJING

内容简介

"阿里巴巴速卖通宝典"系列自2015年陆续出版以来,累计销量已近20万册,受到了跨境电商从业者、高等院校师生的高度好评。此次"阿里巴巴速卖通宝典"是在2016年1月出版的第2版基础上的升级和补充,新增了《跨境电商SNS营销与商机》《跨境电商视觉呈现》和《跨境电商运营与管理》3种图书。

经过作者们多轮校对,本书最终以简洁的形式面向我们的卖家朋友。本书内容直切主题,从买家的角度,通过对图片的分析、颜色对店铺的影响、购物体验三个方面,向大家表述了视觉营销的重要性。然后从品牌打造、优化多语言的产品信息、视觉的地域差异、视觉的行业差异等多个维度,提出了多样的设计思路。最后,在旺铺视觉指导和产品详情优化方面,给大家提供了明确的方法。本书逻辑清晰,内容偏向于多维度的思维方式,并不单纯给大家解释平台某项功能的使用。

本书凝聚了速卖通大学多位资深讲师、商家的心血,内容由浅入深,适合跨境电商从业者、外贸人员阅读,也适合作为各类院校的跨境电商教材。

未经许可,不得以任何方式复制或抄袭本书之部分或全部内容。
版权所有,侵权必究。

图书在版编目(CIP)数据

跨境电商视觉呈现/速卖通大学编著.—北京:电子工业出版社,2018.1
(阿里巴巴速卖通宝典)
ISBN 978-7-121-32583-0

Ⅰ.①跨… Ⅱ.①速… Ⅲ.①电子商务—网站—设计 Ⅳ.①F713.361.2②TP393.092

中国版本图书馆CIP数据核字(2017)第209680号

责任编辑:张彦红
印　　刷:北京虎彩文化传播有限公司
装　　订:北京虎彩文化传播有限公司
出版发行:电子工业出版社
　　　　　北京市海淀区万寿路173信箱　邮编 100036
开　　本:720×1000　1/16　印张:12.5　字数:220千字
版　　次:2018年1月第1版
印　　次:2019年8月第3次印刷
定　　价:59.00元

凡所购买电子工业出版社图书有缺损问题,请向购买书店调换。若书店售缺,请与本社发行部联系,联系及邮购电话:(010)88254888,88258888。
质量投诉请发邮件至zlts@phei.com.cn,盗版侵权举报请发邮件至dbqq@phei.com.cn。
本书咨询联系方式:(010)51260888-819,faq@phei.com.cn。

序言一

在聊这套书之前,我想借用钱穆老先生的一句话来形容当下的外贸形势——过去未去,未来已来。

未去的是,受困于买卖信息不对称、依靠汗水驱动的传统外贸,凛冬仍在持续。已来的是,以全球速卖通为代表,受益于互联网技术在全球的澎湃发展,基于大数据形成的精准式外贸已成趋势。特别是在"一带一路"倡议和EWTP获得全球强烈响应的背景下,全球速卖通秉承的"中国品牌出海"春天已来。

拉长人类的文明史我们会发现,早在汉唐时期,我们就通过丝绸之路把优质的商品分享到各个文明,中国也因此光耀东方。我坚信这份属于我们的DNA,虽历经千年,但从未褪色。能参与到祖国复兴的伟大历史进程中,是我们的荣幸与责任,也是阿里人的义务。

为了保证优质的中国商品走出去,18年来,阿里不但建设了遍布全球的物流、支付、云计算等电商基础设施,而且在全球收获了数以亿计的海外客户。

这是任何一个以中国品牌出海为核心目的的电商平台都不曾达到的高度。

面对机遇我们从不讳言困难,让中国中小企业扬帆出海,规避全球化交易中的暗流、礁石和风暴是我们的责任,也是我们出版这套书的初衷。

"阿里巴巴速卖通宝典"就是跨境电商领域的航海图和罗盘,也是一本攻略和实操手册。它从不同的维度系统地阐述了我们对跨境电商全链路的理解。同时,它又不局限于讲述跨境电商,而是系统梳理了整个跨境交易的根目录,并给出了基于实战经验的独特观察和思考。书中有我们的经验、教训和成长感悟,所以也像一封我们写给客户的长长战报。

作为服务中小企业国际贸易的智能协同网络平台，阿里巴巴 B2B 旗下各大事业部将通过整合阿里巴巴集团所有资源，为广大中小企业赋能，推动跨境电商国际标准和规则的建立，打造公平公正、适合中小企业发展的国际贸易新秩序。

唯有变化，方能进化。我坚信，阿里成长的底层逻辑是重新梳理了平台与客户之间的商业关系。两者之间从来都不是收割模式，而是麦田与麦子之间的相互依偎。我们相信，客户强则阿里强。

阿里巴巴创始人、合伙人、集团资深副总裁戴珊

2017 年 10 月 10 日

序言二

2017年4月是阿里巴巴速卖通平台7周岁的生日，同时也迎来了第1亿个海外买家，至此正式开启亿级消费群体新时代。我很荣幸在2012年加入速卖通，5年的时间里亲历了平台从C2C、B2C到品牌化的发展过程，也很高兴看到身边一批优秀的卖家朋友与平台一同成长，逐步发展起自己的品牌，使全球1亿名消费者近距离感受"中国制造"的独特魅力。

作为负责卖家成长和培训的部门，速卖通大学从2015年7月开始出版阿里巴巴速卖通宝典——跨境电商系列丛书，至今已经是第3版。此次是在2016年1月第2版基础上的升级和补充，在第2版一套5册包含跨境电商物流、客服、美工、营销、数据化管理的基础上新增了《跨境电商SNS营销与商机》，在"中国品牌出海"的大背景下推出了升级版的《跨境电商视觉呈现》《跨境电商运营与管理》，助力"中国制造"的转型升级。

本书的编纂工作集结了速卖通大学优秀的师资力量，没有他们的辛勤付出，就没有此书的问世，在此一并感谢！

由于电子商务时时刻刻都在高速进化，本书的内容只对应截稿日的页面、规则、数据和经验之谈。另外，由于水平有限、时间仓促，书中难免有不足之处，请各位同行及读者不吝提出宝贵意见和建议。

最后，愿此书能帮助所有从事跨境电商的朋友取得更好的业绩！

速卖通大学依娜
2017年9月5日

前言

时光荏苒，沉浸在跨境电子商务中，岁月似乎也变得快了不少。

这两年来，大家的经营似乎都有一点沉重。国际大环境说不上十分景气，而竞争又在不断加强。虽然去年还能依靠汇率的上升挽回一些利润，但这并不是长久之计。尤其是今年随着汇率的调整，整体利润更是呈现加剧下滑的趋势，这对于外贸来说就比较艰难了。

正是这个时候，全球速卖通平台以坚定的信念，大刀阔斧地进行优化和改革，朝着品牌化的方向继续前进，这是非常有建设意义的，但同时也对我们卖家提出了更高的要求。

如何提高产品转化率，如何打造品牌调性，如何做好移动端视觉？各种视觉问题接踵而至。对于卖家朋友所遇到的困难，我们感同身受。

而我们这本书，就是在这样一个艰难的时刻完成的。它肩负着平台深入优化的使命，它承载着卖家稳定提高的期许，它凝聚着所有作者的心血。老师们既要严谨地完成每个章节与每个细节，又要同时应对复杂多变的市场环境，管理好自己的团队。这是多重的挑战，所幸，在大家的不懈努力下，这本书终于完成了。

为此，我们非常感谢速卖通大学讲师团队，感谢为此默默付出的各位小二，感谢为此编辑校对的各位朋友，感谢国际 UED 团队为此做出的大力支持。

感谢参与的小二：依娜、修鱼、梓瑞、横刀、云疆；感谢参与的卖家讲师：安鹏、徐振南、张皖、贺祖松、胡杰量；感谢参与的阿里国际 UED 团队成员：弘烈、疯真、美番、鲁生、林敏能、金甸、冉空、Nazarenko Aleksandr、Igosheva Ekaterina、

前言

Potapova Anna。

阿里国际 UED：通过设计帮助商家提高商业价值是我们团队的最大心愿。近年来我们通过大量的营销国际化设计积累了一些经验和思考，书中的分享是我们带给速卖通电商伙伴的小小礼物。中国品牌出海的路上，我们与您同行。

安鹏：唯一不变的是变化。希望大家能掌握书中的知识，早日实现业绩的增长。更希望卖家朋友们能够学会站在作者的出发点，用一种变化的思维去面对平台的发展，让自己不断完善。

徐振南：跨境电商之路，视觉先行一步。

张皖：过去的岁月留下的是艰辛和攀登的辛苦，展望未来，我们仍需要带着更高的理想，迈出勇敢和坚定脚步。祝大家有更大的进步！

贺祖松：跨境电子商务是时代发展的必然趋势，我们应该加强研究和实践，熟练掌握相关技能，为跨境电商的大跨越贡献一份光和热！

胡杰量：拥抱变化，更专业更精业更敬业！一起见证未来！

最后将达尔文的一句话送给大家：乐观是希望的明灯，它指引着你从危险的峡谷中步向坦途，使你得到新的生命、新的希望，支持着你的理想永不泯灭。

我们要用乐观的心态，去面对我们热爱的跨境电商行业，以更开放的眼光看待平台的进步，因为那里还有更多的机遇。

祝福各位卖家朋友马到成功！

速卖通大学视觉组

安鹏

2017 年 9 月

主要作者简介

安鹏

速卖通大学蓝带讲师，速卖通大学视觉组组长。

从事跨境电商多年，三年打造两个亿元级团队，擅长团队管理、视觉营销、产品优化。

《跨境电商美工：阿里巴巴速卖通宝典》作者，封面设计师。

阿里巴巴全球速卖通 2014 年度 特殊贡献奖；

阿里巴巴全球速卖通 2015 年度 开疆拓土奖；

阿里巴巴全球速卖通 2016 年度 带头大哥奖；

阿里巴巴全球速卖通 2017 年度 桃李天下奖；

阿里巴巴全球速卖通 2017 年度 金话筒奖。

徐振南

厦门网商会副会长，厦门国际商会第二届电商专业委员会副主任，擅长跨境电商团队打造和复制，以及选品、运营、推广，积累了丰富的行业经验。

张皖

阿里巴巴速卖通大学官方讲师，雨果网等特邀合作金牌讲师，速卖通系列课程研发者、丛书编著者之一，多次荣获"速卖通大学优秀讲师"等奖项。

具有多年外贸管理经验，擅长系统数据分析、供应链管理、爆款打造与运营等。

贺祖松

高校在编教师，速卖通大学认证讲师，中国电子商务协会人才服务中心"优秀讲师"，有6年跨境平台实操经验，致力于境外服装、家居及摩配产品的需求分析和供应链打造。

胡杰量

阿里巴巴速卖通大学橙带讲师，赛翔进出口贸易有限公司、义乌创勋电子商务有限公司总经理，主营运动服饰，擅长选品新品开发、爆款打造。

目录

第1章 视觉呈现的重要性 1

1.1 客户角度的视觉 2
- 1.1.1 文案内容 2
- 1.1.2 图片内容 7
- 1.1.3 注意事项 10

1.2 色彩对设计的影响 13
- 1.2.1 色彩 14
- 1.2.2 配色方式 23
- 1.2.3 配色误区 29

1.3 电商营销体验设计 32
- 1.3.1 电商营销设计需要思维的转变 32
- 1.3.2 从客户视觉角度做电商营销体验设计 33
- 1.3.3 如何做好电商营销体验设计 34

第2章 品牌打造 44

2.1 成功的品牌战略 45
- 2.1.1 差异化 45
- 2.1.2 了解目标客户 46
- 2.1.3 如何展示自己的品牌 46

2.2 塑造"不同"的品牌形象 46
- 2.2.1 在"不同"的基础上增添熟悉感 47

	2.2.2	如何实现自己的"不同"	47
	2.2.3	如何展示自己的"不同"	47
	2.2.4	如何维持自己的"不同"	49

第3章 如何优化多语言的产品信息 50

3.1 优化多语言的产品信息的重要性 51
3.2 如何优化多语言的产品信息 52
    3.2.1 优化多语言的产品标题 52
    3.2.2 优化多语言的产品详情页 58

第4章 地域间视觉的差异化 64

4.1 国家密码解析之俄罗斯与巴西 65
    4.1.1 俄罗斯电商网站视觉呈现特点 65
    4.1.2 巴西电商网站视觉呈现特点 70
4.2 国家密码解析之西班牙与法国 73
    4.2.1 西班牙电商网站视觉呈现特点 73
    4.2.2 法国电商网站视觉呈现特点 79

第5章 行业间的视觉比较 84

5.1 服装类店铺的视觉特点 85
    5.1.1 店铺模块与装修色彩 85
    5.1.2 主图展示 89
    5.1.3 详情页展示 91
5.2 3C类店铺的视觉特点 92
    5.2.1 店铺模块与装修色彩 92
    5.2.2 主图展示 97
    5.2.3 详情页展示 99

第6章 旺铺视觉设计指导 103

6.1 店招设计指导 104
    6.1.1 店招的现状 104

6.1.2　系统模板店招设计 106
　　6.1.3　第三方模板店招设计 108
6.2　Banner设计指导 115
　　6.2.1　Banner 规范化要素 115
　　6.2.2　节日 Banner 119
6.3　设计比例指导 128
　　6.3.1　图与图的比例 129
　　6.3.2　图与文的比例 131
　　6.3.3　移动客户端的比例 135
6.4　无线端店铺设计指导 137
　　6.4.1　无线端店招 138
　　6.4.2　图片模块 144
　　6.4.3　产品推荐模块 156
　　6.4.4　主题活动模块 160

第7章　产品详情优化指导 167

7.1　主图与颜色图 168
7.2　产品信息模块 171
7.3　产品描述 174

结束语　速卖通视觉展望 188

第1章

视觉呈现的重要性

本章要点：

- 客户角度的视觉
- 色彩对设计的影响
- 电商营销体验设计

跨境电商视觉呈现——阿里巴巴速卖通宝典

在速卖通最近两年的发展中,大家已看到视觉营销的成长速度。在全球速卖通品牌化的进程中,视觉展示作为重要的一部分,也被不断加强。

从平台的角度来看,现在申请金银牌店铺的一个要求就是有旺铺装修,这是平台公开要求的。

从视觉技术支持方面来看,2014 年第三方装修模板进驻,经过两年多的发展,PC 端的设计已经逐渐趋于成熟。2016 年最重要的事件莫过于移动端的快速发展。从 3 月份移动端旺铺设计的开通,到 8 月份移动端旺铺设计的升级,节奏是非常快的。

这些都说明平台对于视觉的重视。

从卖家自身来说,情况也是如此。面对日趋激烈的竞争,产品的优势及差异在逐渐减少,相同的产品如何体现出更好的服务,又如何让客户选择自己,而不是我们的竞争对手呢?那就需要更加专业的视觉表达。

本书主要通过视觉的重要性、品牌打造、文案、国家差异化、旺铺视觉、详情页视觉等几个方面,综合讲述在跨境电商中视觉营销应当掌握的一些基本知识。

接下来就让我们一起展开学习吧。

1.1 客户角度的视觉

大家都知道,广告图是由文案与图片组成的。同样的文案,图片不同也会带来不同的效果,不同的转化率;同样的图片,文案不同也会给转化率带来影响。到底是什么影响了这些效果呢?

本节我们将从文案、图片、整体喜好等几个方面去给大家做详细对比。注:本节我们所用到的内容及数据,是我们与客户面对面沟通而来,相信这些信息对读者会带来更多的启发,让大家能更好地把握客户的心理,做出精准的产品设计图。

1.1.1 文案内容

文案创作是一门很细腻的学问,就像是说话的艺术,对于同一个道理,我们的表达方式可以有多种,可以娓娓道来,可以直截了当,也可以说得天花乱坠。那我们在商业图片中所用的文案又有哪些类型，都会来带什么样的影响呢？

下面我们用一系列图片，来具体分析一下图片相同时不同文案所带来的不同感受。

1. 文案的互动性

文案的互动性越强，就越能引起客户的关注。

如图 1-1 所示，第一幅海报的文案要比第二幅海报的生动很多，且互动感非常强烈，让人有很强烈的共鸣感。"TWO WHEELS AND A DREAM"如同我们在之前流行的一句话，"世界这么大，我想去看看"。这种感觉能够激起客户的认同，从而最终带来较高的转化率。

图 1-1

而后图的标题平铺直叙，虽然没有大的失误，但也没有特别的亮点，相比之下，带来的转化率自然低于前者。

如图 1-2 所示，从排版上来看，前一幅海报文案清晰，层次分明，便于客户阅读。而后者文案较长，间距又小，并且两行都为花体字，既没有层次感，又不便于阅读。

从含义上来讲，Hot 有很潮、很"辣"的内在含义，一语双关而且简明扼要，一个词就能清楚地表达出产品的内涵。文案与图片的搭配也更容易引起客户共鸣，这种火辣、热情、性感正是她们向往已久的。而后面的海报，只是简单地介绍了夏季新款，这种文案同样没有什么失误，只是也没有什么情感因素，所以带来的转化就非常有限。

最终数据显示选择前一个版本的客户更多。

图 1-2

2. 文案的情感性

当活动没有明确的卖点,比如折扣或者全球首发之类的卖点时,我们可以使用一些情感型的文案、能够互动的文案来打动客户,如图 1-3 所示。

图 1-3

从海报文案上来看,并没有突出的卖点信息,也没有折扣礼品等促销信息。前面这幅海报恰如其分地使用了"Say Hello"这样的情感型文案,互动性很强,像一个朋友一样打动客户,所以选择的人会更多。

而后面的图在产品本身没有实质性卖点的时候,依然直接表达,在情感上没有很好地打动客户,因此转化率自然不会高。

如图 1-4 所示,这两张海报中就有营销性的内容,就是"30% off"的营销性文案。

图 1-4

第一幅海报中的"COMFORT"一词非常应景,让客户很有感觉,似乎那一丝柔软、一丝温馨真的触手可及,互动感非常好。

而第二幅海报只有几个比较笼统的词,不能很好地表达出产品的特性。

3. 品牌的有效性

有知名度的品牌有效性明显,但是如果产品 Logo 已经够清楚了,就没有必要在内容里反复强调了。对于知名度低的商品,强调品牌不如强调其他参数和利益点有效果,如图 1-5 所示。

图 1-5

联想本身就已经非常有知名度,并且产品图片中 Lenovo 的 Logo 也非常清晰,就没有必要重复表达了,我们应当在主标题中做一些更好的情感表达。第一张海报就很好地运用了这一点,"Unleash the Fun"作为海报的主标题,更有互动感和情感。

如图 1-6 所示,SJCAM 是一款运动相机的品牌名称,这个名称,对于我们的客户来说还是比较陌生的。那将品牌名放在主标题的位置上也就没有多大意义了,用一些带情感的表达会更好一些。而"CAPTURE EVERYTHING"有更好的带入感,所以选择后者的客户会更多一些。

图 1-6

4. 文案的易读性

描述简洁、字体较大、宽度适宜、阅读区域集中的文案更好阅读。

如图 1-7 所示,第一幅海报段落清晰,便于阅读,并且"FRESHEN UP YOUR WARDROBE"有更多的互动感和情感。

图 1-7

而第二幅中的文字过多,不便于客户阅读,且文案直接,没有很好地表达出产品的情感性。

但第一幅海报也存在不足,从文字上我们看到该产品针对的人群是男士和女士,但选择的图片偏女性化,主标题有没有很好地表达出"Men's & Women's"的属性,就容易丢失一部分男性客户。

调正方案是将副标题里面的"Men's & Women's"文案字体加粗,放大,改变颜色。这样就可以稍微弥补一下客户群定位失误的问题。

如图 1-8 所示,第一幅海报信息量过大,并且字体过小,行数又很多,在短时间内客户不能有效地接收产品信息,信息量过大反而过犹不及,造成转化率下降。并

第 1 章 视觉呈现的重要性

且这两张海报的背景已经十分绚丽，众多的颜色已经分散了一部分注意力，再加上花体的标题、冗杂的信息，会降低客户的体验度。

图 1-8

而后一幅海报要清晰很多，所以选择后者的会多一些。

1.1.2 图片内容

1.1.2.1 场景与纯色

即使文案相同，图片不同也会造成转化率的不同，接下来我们继续看一组图，从客户角度了解一下图片是如何影响转化的。

如图 1-9 所示，第一幅海报背景为跑步的场景，与产品的性能匹配，有很好的带入感，而后者是纯色的背景，并且是和产品相近的纯绿色，这样就不能很好地突出产品，没有层次感，不利于产品的表达。

图 1-9

如图 1-10、图 1-11 所示，客户更喜欢有场景带入的海报，而纯色背景海报的转

7

化率比较低。

图 1-10

图 1-11

1.1.2.2　模特与产品

对于客户熟悉的产品，大图效果更好，而客户不熟悉的产品，若能适当使用模特图，能更好地让客户了解这个产品，如图 1-12 所示。

图 1-12

手机是我们熟悉的产品，所以客户更希望看到产品的高清大图，模特的展示在这里并没有什么特别的作用。其次，选择模特也需要慎重，尽量选择能跟产品匹配，能够给产品加分的，如图 1-13 所示。

图 1-13

1.1.2.3　单品类与多品类

单品类的图片，图片本身的吸引力更强，数量的影响并不那么重要，如图 1-14 所示。

图 1-14

同样是在表达运动鞋这个品类，前面海报的表达会更有力一些，选图也很有带入感。而后图则显得有些杂乱，且为纯色背景，不能很好地表达产品的情感性。

如图 1-15 所示，图片主要想表达骑行系列的产品，产品较多，有骑行服、鞋子、安全帽等。对于多品类的展示，如后者这样的表达就更有效一些。

图 1-15

1.1.3 注意事项

好的海报有一些共性,如图文匹配、产品清晰等。图文匹配能够让客户有更好的购物体验,增加愉悦感。另外颜色轻快、整体对比度高更容易受客户欢迎,如图 1-16 所示。

图 1-16

对于好的地方,我们就要落实到位,对于一些需要我们注意的地方,我们就要尽量避免,减少不必要的损失。

1. 图文不符

如图 1-17 所示,客户普遍认为这个文案和模特不搭,模特稍显冷漠,且整个 Banner 的颜色和模特衣服颜色也呈现出比较冷漠的感觉,并不能体现文案中的友好情感。色彩对客户的心理会有影响,通常来说白色比较高冷,适合专业性强的商品和文案。

第1章　视觉呈现的重要性

图 1-17

2. 图文关系分明

图片与文案的关系要分明，尽量减少图文的交集。例如图 1-18 中这张 Banner，很多客户提出，文案挡住了模特的脸，让客户心里感觉很不舒服。

图 1-18

文案与图片的空间如果太挤，也会造成同样的后果，如图 1-19 所示，文字紧密，且离图片太近，造成了空间压迫感，影响客户体验。

11

图 1-19

3. 图文的节奏感和空间感

客户通常会觉得长文案和太多折行都会给阅读增加难度,如图 1-20 所示,图片本身复杂度高,颜色压抑,所以整个 Banner 看起来比较拥挤。

图 1-20

4. 折扣与价格

如果单品低价促销,就可以使用折扣率和现价结合的方式来表达,这样更有可信度,也更直观。

如图 1-21 所示,单纯列出折扣率有吸引力,但是并不直观,单纯列出价格又太平淡，所以最好采用折扣率与价格相结合的方式来表达。

图 1-21

店铺视觉是由一幅又一幅的图片打造起来的，我们要认真对待每一幅图，这样才能更好地打动客户，提高店铺转化率，实现我们的销售目的。

1.2 色彩对设计的影响

正如在上一节中我们所看到的，色彩对视觉的表达也有着重要的影响。卖点的突出、背景颜色与文字颜色的搭配、背景颜色与产品颜色的搭配等，无不影响着图片的点击率与转化率。在本节中我们来学习一下色彩来源、配色方式，以及需要避免的配色误区。

1.2.1 色彩

1.2.1.1 颜色的基本信息

颜色有三个基本属性：色相、饱和度、明度。

色相就是色彩的表象，是我们所见到的光谱上的色彩，如图 1-22 所示。

图 1-22

饱和度是色彩的鲜艳程度，同样是红色，饱和度不同就会表现出不同的视觉效果，如图 1-23 所示。

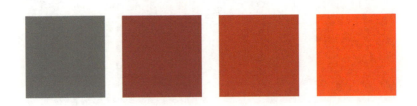

图 1-23

明度是眼睛对光源和物体表面的明暗程度的反应。红色在不同明度下的表现如图 1-24 所示。

图 1-24

电商平台用的多是 RGB 色彩模式，通过红色（Red）、绿色（Green）、蓝色（Blue）三种颜色的变化及叠加，来得到其他各种颜色，是目前使用最广的颜色系统之一。

第1章　视觉呈现的重要性

我们经常会在详情的源代码中看到 #008650、#47c0f7 等一些编码，这就是 RGB 颜色的一种编码，如图 1-25 所示。

图 1-25

掌握一定的色彩知识，对于详情的编辑也是有好处的。例如详情中的文字色彩，如图 1-26 所示。

图 1-26

它在代码中是这样的，如图 1-27 所示。

图 1-27

15

其中"color:#009de4"就是文字的颜色编码。

那么文字的背景能否使用 RGB 颜色呢？表格能否使用 RGB 颜色做背景呢？当然可以！

我们学习了店铺详情中颜色的使用，当遇到特别喜欢的一种颜色时，我们可能瞬间联想到把它用到文字上效果会特别突出，可我们又不知道颜色的 RGB 编码，这时候怎么办呢？

首先我们截图，然后把图片放到 Photoshop 中。我们以全球速卖通的 Logo 为例，如图 1-28 所示。

Photoshop 中有一个工具叫作吸管，如图 1-29 所示。

图 1-28

图 1-29

我们用吸管在想要的颜色上点击一下，如图 1-30 所示。

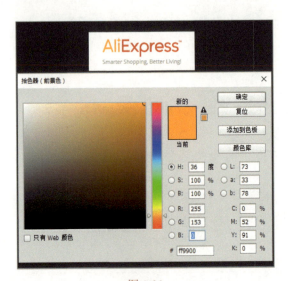

图 1-30

这时我们就可以在拾色器中看到，全球速卖通 Logo 的其中一种颜色——橙色的编码就是 #ff9900，依靠这样的方法，我们就可以将喜欢的颜色用到详情之中了。当然，我们在做图片、设计店铺海报时，也可以用到这样的方法。

1.2.1.2 颜色的"情感"

颜色也有自己的"情感"，并给人心理暗示，如图 1-31~图 1-39 所示。

红色让人容易想到：火焰，鲜血，性，西红柿，西瓜瓤，太阳，红旗，口红。

红色的积极意义：激情，爱情，鲜血，能量，热心，激动，热量，力量，热情，活力。

红色的消极意义：侵略性，愤怒，战争，残忍，危险，色情。

图 1-31

橙色让人容易想到：秋天，橘子，胡萝卜，肉质，砖头，灯光。

橙色的积极意义：温暖，欢喜，创造力，独特性，能量，活跃，成熟，健康，活力，华美，明朗，时髦。

橙色的消极意义：粗鲁，喧嚣，嫉妒，焦躁，可怜。

图 1-32

黄色让人容易想到：阳光，沙滩，蛋黄，香蕉，向日葵，小鸡，面包，菜花。

黄色的积极意义：聪明，乐观，光辉，喜悦，泼辣，明快，希望，光明，理想主义。

黄色的消极意义：色情，低俗，腐烂，嫉妒，怯懦，欺骗，警告。

图 1-33

绿色让人容易想到：植物，大自然，西瓜，树叶，高山，草地。

绿色的积极意义：和平，安全，生长，新鲜，丰产，金钱，康复，成功，自然，和谐，城市，青春。

绿色的消极意义：贪婪，嫉妒，恶心，毒药，侵蚀。

图 1-34

蓝色让人容易想到：海洋，天空，湖水。

蓝色的积极意义：学识，凉爽，和平，忠诚，正义，智慧、平静，悠久，理智，深远，无限，理想，永恒。

蓝色的消极意义：消沉，寒冷，分裂，冷漠，薄情。

紫色让人容易想到：皇家，精神，茄子，薰衣草，紫水晶，葡萄，紫菜，礼服。

紫色的积极意义：优雅，高贵，奢侈，智慧，灵感，财富，高尚，古朴。

紫色的消极意义：夸大的，过多的，抑郁，忧郁，疯狂，残忍，消极。

图 1-35

图 1-36

黑色让人容易想到：夜晚，死亡，墨汁，煤炭，毛发，礼服，洋伞。

黑色的积极意义：权利，威信，高雅，高贵。

黑色的消极意义：恐惧，消极，邪恶，诡异，悲哀，阴沉，冷淡，孤独。

图 1-37

白色让人容易想到：雪，白纸，白兔，白云，砂糖，白芒，纯净。

白色的积极意义：清洁，神圣，洁白，纯洁，纯真，完美，美德，柔软，庄严，简洁，真实，婚礼。

白色的消极意义：虚弱，孤立，恐怖，邪恶。

图 1-38

灰色容易让人想到：乌云，树皮，白银，中性。

灰色的积极意义：平衡，安全，可信，谦虚，成熟，优雅，才智。

灰色的消极意义：阴天，老龄，厌倦，悲伤，失意，平凡，喜怒无常，优柔寡断。

图 1-39

1.2.1.3 颜色的"味道"

黄、橙、红等明度较高的颜色能让人联想到西瓜和蛋糕的甜味。

绿色及黄绿色能让人联想到未成熟的橘子和柠檬的酸味。

黑色、灰褐色是低明度、低纯度的色彩，能让人联想到咖啡、可可的苦味。

红色和绿色这类高纯度色彩容易让人联想到辣椒的辣味。

高亮度的蓝色能让人联想到大海与盐的咸味。

灰绿色、暗绿色这类低纯度色彩能让人联想到未成熟的柿子的涩味。

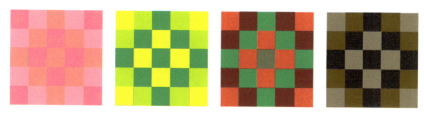

图 1-40

1.2.1.4 颜色的季节性

春天具有朝气蓬勃的特性，以黄绿色为代表色。

夏天具有阳光强烈的特性，以高纯度的绿色、高明度的黄色为代表色。

秋天具有成熟、萧索的特性，以黄色及暗色调为代表色。

冬天具有寒冷的特性，以灰色和高明度的蓝色、白色等冷色为代表色。

图 1-41

1.2.2 配色方式

明白了颜色的基础知识，我们在设计图片和店铺的时候，就可以运用起来，为店铺增添色彩了。当然，由于颜色各不相同，不可避免地产生了配色问题。

配色方式有许多种，我们既要考虑配色的视觉效果，又要考虑电商旺铺的销售因素。

从视觉角度来讲，鲜明的色彩容易引起客户的注意，给浏览者带来清新的感觉。其次，有自己风格的色彩，能让人留下深刻的印象。在考虑平台及产品本身特点的同时进行艺术创新，就能设计出既符合电商要求，又具有一定艺术特色的旺铺。

从营销角度来讲,我们要根据行业和产品的不同特点来配色,例如,化妆品或内衣是贴近肌肤使用的,需要体现安全、无刺激等因素,那我们在配色上就多采用单色配色方案,如图 1-42 所示。3C 产品要体现科技感,需要用蓝色系的配色方案。

图 1-42

配色的重要性在于,颜色搭配是否合理会直接影响客户的情绪,好的配色有很强的视觉冲击力,能起到促使客户下单的作用。而不恰当的配色会让客户浮躁不安,甚至直接关掉页面。

1.2.2.1 单色配色

单色配色,通常是指用一种颜色,通过对饱和度和明度的调整,产生诸多衍生色,再将这些色彩用于设计。单色配色看起来比较统一,具有层次感,如图 1-43 所示。

单色配色因为只有一种主体颜色,所以对设计师在饱和度和明度的掌控上就有更高的要求。

第1章 视觉呈现的重要性

图 1-43

当然单色配色仅指主体颜色是单色，并非一点都不能用其他颜色，在突出一些卖点的时候，适当加色彩也是非常不错的选择，如图 1-44 所示。

图 1-44

25

因为产品本身是淡金色,所以页面设计采用了单色配色,现在我们看一下营销设计,如图1-45所示。

图 1-45

促销优惠券用亮色显示,这样主题颜色与其他颜色结合,达到了更好的销售目的。

1.2.2.2 邻近色配色

邻近色是色环上相邻的颜色,采用邻近色搭配可以使网页避免色彩杂乱,便于达到页面和谐统一的效果,如图1-46所示。

1.2.2.3 对比色配色

一般来说,三原色(红、绿、蓝)之间的差异最明显。色彩的强烈对比,能够让页面特色鲜明,重点突出。在设计时通常以一种颜色为主色,以其对比色作为点缀,起到画龙点睛的作用,如图1-47所示。

第1章 视觉呈现的重要性

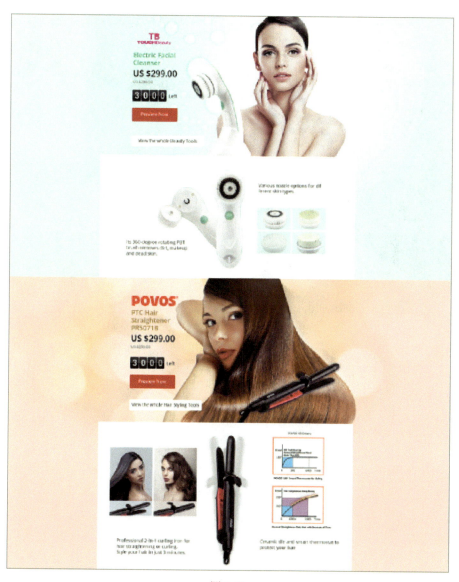

图 1-46

图 1-47

1.2.2.4 互补色配色

互补色是在色环上相对的两种颜色,如红色——绿色、蓝色——橙色等,互补色对比强烈,使用时对设计师的要求很高,所以这样的设计也少一些。我们见到最多的,应该是圣诞时,页面中经常用到的红绿色互补,如图 1-48 所示。

图 1-48

在一些板块细节中也会用到互补色,如图 1-49 所示。

图 1-49

1.2.3 配色误区

有正确的配色方式,就有错误的配色方式。这些错误通常不是我们有意为之,往往都是不了解导致的。所以学习配色常识是非常重要的。

首先我们来看一个童装的案例,如图 1-50 所示。

图 1-50

通过图片,我们可以看到这是一个童装店铺,但是这里用了非常沉重的暗紫色和黑色,这样的配色似乎与客户不在一个"空间"内。大多数家长都希望自己的孩子快乐、活泼、充满童趣,不想让孩子像这些颜色一样"深沉"。所以,太随意的配色,会造成客户的流失。

我们再看一个服装案例,如图 1-51 所示。

图 1-51

这是一个男装店铺,店铺的主体颜色是粉红色,让客户感觉十分怪异,男士的厚重、力量没有表达出来。

再看下面这个案例，如图 1-52 所示。

图 1-52

网站的主体用单色设计来营造一种销售氛围，这是没有什么问题的。但是配色以黄色为主，店招的文字用的却是白色，这两种颜色的明度太接近，会导致客户忽略这些字，造成一部分流量的丢失。

所以，我们对于颜色明度要有一定的了解，便于平时制作海报和营销。

24 色色卡明度排列表如图 1-53 所示。

图 1-53

好的配色能够对营销起推进作用，不好的配色却会造成客户的流失。我们要善于利用颜色，配合产品、活动、节日等，达到更好的销售目的。

1.3 电商营销体验设计

无论是在传统商业时代还是在互联网电商时代,提高客户的极致体验都是达成营销盈利目标的重要前提。对于电商而言,营销设计的核心与目标就是以客户为中心,追求极致的客户体验,并完成其本身所承载的商业或客户诉求等目标。

1.3.1 电商营销设计需要思维的转变

我们知道,客户在消费时会有理性的选择,也会有感性的追求,消费心理存在着不同,如图 1-54 所示。卖家不仅要从理性的角度去开展营销活动,也要考虑客户情感的需要。营销人员不能孤立地去思考产品的细节,要通过各种手段创造一种综合的效应以提高消费体验,必要时还可以跟随社会消费文化变化,思考消费所表达的内在的价值观念和生活的意义。

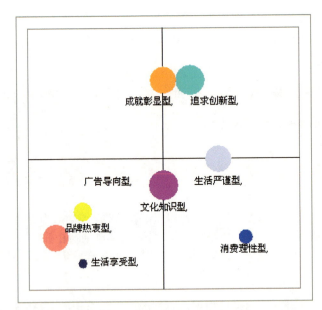

图 1-54

电商营销体验设计过程是理性思考、感性表达的过程,营销体验设计最重要的目的是解决问题。

1.3.2 从客户视觉角度做电商营销体验设计

营销体验是五花八门的,线上和线下的完全不同,如图1-55所示。想买一双鞋,看图片永远没有穿在脚上体验好;想买耳机,可以在体验试听区亲自感受耳机带来的震撼,所以线上体验永远没有线下体验更真切,这就给电商营销体验带来巨大的考验。

图 1-55

电商营销体验设计要全面考虑客户在购物前、中、后的体验,提升客户满意度和品牌忠诚度。电商营销体验设计的目的究竟是推销商品和服务给客户,还是为客户提供更好的商品和服务?这是电商营销思维的问题,如图1-56所示。

图 1-56

传统的营销观念是把客户作为营销资源，把自己的商品和服务提供给客户，满足客户的基本需求，但不能完全释放客户的需求。新型的营销观念是为客户创造需求，为客户提供更好的商品和服务。

所以答案是明确的，营销体验设计要以客户为中心，客户需求价值设计是重要且必需的，只有清楚客户诉求，才能形成真正的体验设计。

1.3.3 如何做好电商营销体验设计

众所周知，体验式营销的方法和工具种类繁多，并且和传统的营销有很大的差异。有些模式已经有了雏形，比如卖家入驻平台，提供试用宝贝，参与试用活动，试客申请试用，卖家审核试客，试客写试用报告并主动分享宝贝等，增加了店铺的曝光率和实际销量，通过分享达到口碑宣传，帮助卖家更精准地选择目标客户，挖掘潜在客户，提升店铺的知名度，通过一系列流程，完成体验式营销的全过程。

我们知道营销体验要有"载体"，或者说，体验式营销是从一个主题出发并且所有服务都围绕一个载体来设计，"体验主题"并非随意出现的，而是体验设计人员根据对客户需求的理解和认识来设计的，所以电商营销体验的载体就是 Banner 推广页和 Detail 详情页，如图 1-57 所示。

图 1-57

就目前的速卖通跨境 B2C 平台而言,由于存在地域及时间限制,给营销体验设计者提出了更大的挑战,基于营销载体的过程体验概念被提出来,体验营销设计者不仅考虑产品的功能和特点,更主要的是考虑客户的需求,考虑客户从消费产品和服务中所获得的切身体验,考虑客户对与产品相关的整个生活方式的感受,这些是体验营销者所真正关心的事情,所以我们引入海因兹的 AIDA 推销方法对营销载体加以诠释,如图 1-58 所示。

图 1-58

AIDA 模式代表传统推销过程中的四个发展阶段,它们是相互关联,缺一不可的。

(1)设计好销售的开场白,引起客户注意。

（2）续诱导客户，想办法激发客户的兴趣，有时采用"示范"这种方式会很有效。

（3）刺激客户购买欲望时，重要的一点是要让客户相信，他购买这种商品是因为他需要，而他需要的商品正是推销员向他推荐的商品。

（4）购买决定由客户自己做出最好，推销员只要不失时机地帮助客户确认，他的购买动机是正确的，他的购买决定是明智的，就已经基本完成了交易。

利用海因兹的 AIDA 推销方法，我们可以对电商进行营销载体的过程体验设计，如图 1-59 所示。

图 1-59

那么如何进行具体的营销体验设计呢？我们举例说明，一个产品，客户要了解哪些信息后才会购买。我们依据 AIDA 公式进行设计。

第一步：诱发兴趣（产品本身的信息，如图1-60~图1-63所示）

1. 产品外观展示（多面展示）

第1章　视觉呈现的重要性

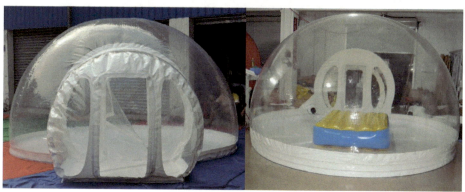

图 1-60

2. 材质、工艺、技术卖点、细节图展示

图 1-61

3. 尺码 / 尺寸、实际尺寸比例展示（最好以人或常用物品做参照物）

Foot Size（CM）	China	EU	USA
22.5	35	35	5
23	36	36	5.5
23.5	37	37	6
24	38	38	6.5
24.5	39	39	7
25	40	40	7.5
25.5	41	41	8
26	42	42	8.5
26.5	43	43	9
27	44	44	9.5

图 1-62

4. 配件、重要技术参数规格、文化背景展示（获奖、专利、某明星同款等）

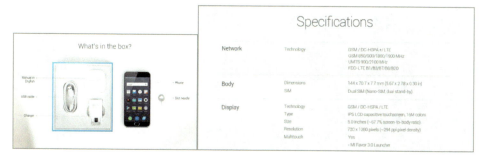

图 1-63

第二步：刺激欲望（使用效果及场景展示，如图1-64、图1-65所示）

1. 使用效果展示

图 1-64

2. 不同使用场景展示

图 1-65

第三步：打消顾虑（强调服务与保障，如图1-66~图1-69所示）

1. 竞品对比（材质、功能、外观）

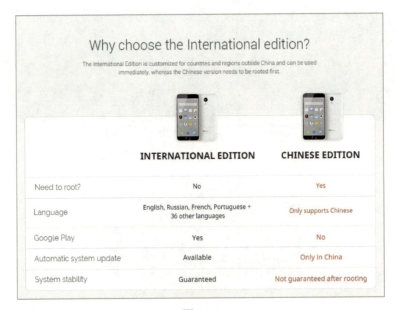

图 1-66

第1章 视觉呈现的重要性

2．客户秀、实拍图、销量与好评展示

图 1-67

3．正品授权、售后保障展示

图 1-68

4. 快递、仓储展示

图 1-69

第四步：促成购买（促销手段）

1. 赠品、限时限量购买（如图 1-70 所示）

图 1-70

2. 折扣、优惠券（如图 1-71 所示）

图 1-71

通过客户需求收集及我们对产品和市场的认识和了解，依据 AIDA 公式，可以归纳出客户会关注以下信息，如表 1-1 所示。

表 1-1

诱发兴趣 （产品本身的信息）	产品外观展示（多面展示）
	材质、工艺、技术卖点、细节图展示
	尺码/尺寸、实际尺寸比例展示（最好以人或常用物品做参照物）
	配件、重要技术参数规格、文化背景展示（获奖、专利、某明星同款等）
刺激欲望 （使用效果及场景展示）	使用效果展示
	不同使用场景展示
打消顾虑 （强调服务与保障）	竞品对比（材质、功能、外观）
	客户秀、实拍图、销售与好评展示
	正品授权、售后保障展示
	快递、仓储展示
促成购买 （促销手段）	赠品、限时限量购买
	折扣、优惠券

第2章

品牌打造

本章要点：

- 成功的品牌战略
- 塑造"不同"的品牌形象

经过 1.0 时代的卖货式爆发性增长，走过 2.0 时代的品质化赢得口碑快速占领市场，来到了如今 3.0 时代的品牌出海，结合阿里巴巴速卖通平台推出的一系列品牌卖家扶持政策，跨境电商，已然形成了一种产业带，开始由传统外贸升级为品牌国际化。好货通，天下乐，其作为外贸严峻形势下的一种生力军，最近几年呈现出非常强劲的上升势头。如何在这股浪潮中占领先机，做好跨境品牌设计，成为中国好卖家，将决定着跨境企业接下来几年的发展广度和深度。

那么如何做好品牌设计呢？

2.1 成功的品牌战略

2.1.1 差异化

品牌设计需要有一个准确的市场定位，给品牌定位是企业在市场定位和产品定位的基础上，对企业的品牌在文化属性及品牌差异上的商业性决策，它是建立一个与目标市场密切相关的品牌形象的过程和结果。通俗来说，品牌定位是指为企业的品牌确定一个适当的市场位置，使品牌商品在客户的心中占领一个特殊的位置，当突然产生某种需求时，能联想到该产品。比如在炎热的夏天突然口渴时，人们通常会立刻想到"可口可乐"的清凉爽口；又比如在购买年货过节的时候，人们通常会想到"天猫超市"等。

如何让你的品牌脱颖而出？这就需要你的品牌与众不同，即品牌差异化。差异化的实质是给客户一个理由：为什么选择你的品牌而不选择其他的品牌。这就要求企业把品牌做得精致，凭借其他同行无法企及的某种特殊的品牌功能来赢得客户对品牌的认可。比如你的品牌是服饰类的，就可赋予你的商品原料差异化、款式设计差异化、工艺差异化、包装展示差异化等，从而让客户拿到你的商品后就知道这些特点只有你的品牌具有。比如沃尔沃，其强调的是安全性，其实的沃尔沃的产品具有很多特点，如稳定性、坚固性，但是这些特点其他品牌也具有，所以沃尔沃更加强调安全性。

2.1.2　了解目标客户

定义产品的服务要了解目标客户是谁,如实体店开店时一般会调查目标客户群,了解客户的性别、年龄、收入等。作为跨境电商的卖家,定位品牌及产品服务时同样需要了解你的目标客户,了解你的目标市场。需要知道真正进入你店铺购买的客户是谁,他们对产品的期望是什么。

了解了目标客户,可以让企业设计出更符合市场、客户需求的品牌产品,在以后做品牌推广的时候,也可以让客户对企业、品牌更加有信心。信心越强,客户越会主动去收集品牌的信息,企业可以借此了解目标客户对该品牌的产品或服务的认可度。

了解目标市场,可以让企业了解到品牌应该在哪个地区和哪个市场进行细分,企业的品牌产品具有什么潜力,目标市场能带来什么需求以及能为企业带来什么效益。

2.1.3　如何展示自己的品牌

很多公司经常强调自己品牌的价值及服务,不过这些内容没有实效性,需要进一步深入思考并寻找提供品牌承诺、价值和服务的方法。

如果承诺"服务值得信赖",那么,你的品牌所追求的值得信赖的含义是什么?

2.2　塑造"不同"的品牌形象

什么是"品牌形象"?"形象"不仅指的是为产品披上件外衣,而且指在与客户接触的各类场合,把产品的个性特征,以各种载体形式进行塑造和推广的行为。"形象"是对产品概念由内至外的诠释,它从包装物的形式、材料,到终端卖场的各类推广物品,由大到小对客户形成影响。大部分人是因为一些非常琐碎的因素而作出购买决定的,微小的"不同"可以支配市场。

2.2.1 在"不同"的基础上增添熟悉感

就像我们去运动用品专卖店，有两家紧挨着的专卖店，其中一家让你首先想要进去，影响你选择的因素有可能是它的店面形象、橱窗、产品陈列、功能区域的划分、营业员的服装、价格牌、POP 等各个细节的与众不同。从整体环境到细小环节都会是影响客户购买的因素。如何将自己品牌的差异点传递给客户？可以看比较的对象有哪些，全面的比较，有助于突出差异点。要想让客户了解我们产品的与众不同，在强调自己的与众不同的时候我们可以活用客户对已有产品的印象，如 OPPO 出的 R9 手机，若有人问它的特点时，如果用一句话讲可能对方会难以理解，但可以回答 R9 的手感和外观跟 iPhone6 差别不大，但是 R9 只需充电五分钟便可通话两小时，这么回答是因为人们相对于 OPPO 手机更熟悉 iPhone，充电五分钟便可通话两小时是 R9 特有的差异点。

2.2.2 如何实现自己的"不同"

"性价比"能否决定品牌的胜负？"因为价格贵而卖不出去"的说法有时不正确，卖不出去的原因往往是没有给客户提供"乐意为产品付钱的价值"而已。能否给客户提供性价比高的产品，是品牌战略成功的关键因素之一。就如我们要购买电脑等电子产品时，常会问售货员哪款的性价比更高，这时性价比是购买者做出购买行为的决定因素。而追求性价比时，重要的是要明确所追求的价值是什么。

凭借独特的功能能否吸引客户？新百伦刚开始出的是矫正鞋，一般人穿上会觉得有点土，但是名人穿上就很时尚，其获得成功后也开始往大众鞋方向发展。品牌产品的功能应该是属于自己独有的，或者是同行业排名第一的，在给产品增加独特功能的同时我们也要提高技术开发能力。最出色的广告语就是产品本身，不管营销战略有多卓越，产品本身不好的话也很难生存。

此外我们还应该特别注意影响购买决定的一些因素，如产品的功能、耐久性、整体质量等。

2.2.3 如何展示自己的"不同"

（1）不管是什么，只要是前所未有就会引起人们的关注，产品也是，只要是前所未有,就能得到广泛的关注。如华为在日向全世界宣布,锂电子电池技术实现重大突破,全球首个超级石墨烯基电池登场,这一消息让全世界沸腾了。

(2)给人们注入先入为主的印象。如我们喝汽水时一般会先想到可口可乐。

(3)世界唯一,是最具影响力的广告语之一。科颜氏是美国化妆品牌,但是他们把品牌始于药店作为差异点大力宣传。独特的店铺装饰及如同医生一样穿上白大褂的售货员,使得其在世界化妆品市场上占有一席之地。

(4)看是否是所属行业排名第一,为了成为第一,品质是不可或缺的。

(5)给产品注入"我们有悠久传统"的产品印象,人们就会觉得能够销售那么长时间必然是有理由的。例如TWG,其Logo上印有1837年,很多人都以为这个品牌是1837年创始,实际上它是2008年诞生的,把1837年这个有意义的年份放到自己的Logo上,让人觉得品牌是有历史的,因而可以提升品牌。

无论从哪个角度展示,人们采取行动都要有明确的理由,所以,我们不要只关注客户"购买什么",还需要关注我们"为什么购买",如图2-1所示。

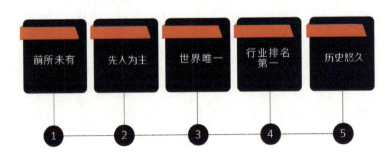

图 2-1

客户比较关注的有以下四点:品牌是够能留下深刻的印象,产品是否最新的,产品是否具备独特的设计,产品的市场份额占有率是否第一。让客户看到差异化需要展示我们产品的特点,具体从哪个角度展示要看你自己的选择。所以企业需要思考给客户注入什么样的印象,进而使他们感知到差异。

缩小目标,可以扩大市场,避免同时宣传两三项特点,我们做得好的,大部分竞争公司也能做得好。最好挑出一两项,简洁并且强而有效地宣传。比方说我们可能会向一些公司询问他们的目标客户是哪些。很多人会回答年轻人是他们的主要客户群，但是年纪大的也能用他们的产品。这样就将自己的客户群模糊化、扩大化了，比较好的方式是把目标客户群缩小。把目标客户群缩小，并不是让你把品牌做得比较小，而是让你的产品的差异化更加明显，目标客户群更加明确，从而使你的产品在目标客户群中所占的市场份额更大。

2.2.4 如何维持自己的"不同"

营销的最终目标是将一个品牌导入轨道，并且沿着轨道运行，每个人心中都有一个品牌的轨道。通俗来讲就是我们想把自己的品牌发展成什么样，是走专门针对年轻群体的品牌化道路，还是走主打产品功能安全性的道路？我们将自己的品牌导入轨道后，接下来的事情会比较简单。

已经进入某个品类的品牌沿着轨道运行，我们需要进行更多的不同形态的差异化的维持。如 ZARA 作为服装类品牌，以其快速更新的特点运行着，但随着时间的流逝和审美的变化以及一些不可估量的因素，它强调的快速更新的特点可能无法让其品牌走得更远，这时候就需要不停地调整并且加入其他的差异化元素，从而维持品牌的运行。

在每天都发生变化的环境里要维持自己的特色是很难的，IBM 在一百多年的时间里维持了自己品牌的差异性。IBM 公司从 1911 年开始就提出了自己的哲学：提高工作效率。但是随着时间的推移，电脑行业发生了变化，低价市场被台湾产品占领了，高端市场被苹果公司占领了。面对危机，IBM 公司重新回顾自己的工作使命，找到了自己的差异化之处，重新定位 IBM 为解决软件和系统的公司方案。企业成功的关键是品牌化，我们所管理的品牌不是单纯的名称或者产品，而是该产品的概念。历史上一些比较有名的品牌，不管是在 50 年前，还是现在，都可以看出他们所具有的特质，如德国的西门子，自 1872 年进入中国以来，在 140 余年中以创新的技术、卓越的解决方案和产品坚持对中国的发展提供全面支持，并以出众的品质和令人信赖的可靠性、不懈的创新追求，确立了在中国市场的领先地位。百威啤酒在百年发展中一直以其纯正的口感、过硬的质量赢得了全世界客户的青睐，成为世界上最畅销的啤酒，长久以来被誉为"啤酒之王"。

第3章

如何优化多语言的产品信息

本章要点：

- ■ 优化多语言的产品信息的重要性
- ■ 如何优化多语言的产品信息

第3章　如何优化多语言的产品信息

3.1　优化多语言的产品信息的重要性

跨境电商市场飞速发展，越来越多的国外客户选择网上消费，不管在什么地区，说什么语言，他们都可以通过跨境电商平台购买到自己喜欢的商品。

近年来，阿里巴巴速卖通卖家的市场不断扩大，目前大部分卖家都只注重英文站的管理、优化和推广等工作，但是面对越来越多的多语言客户，很难满足他们的消费需求，根据不完全数据统计，英语系客户和多语言系客户的重合度不足4%（如图3-1所示），所以仅靠英文店铺来做销售推广，已经不能满足外贸市场的根本需求。

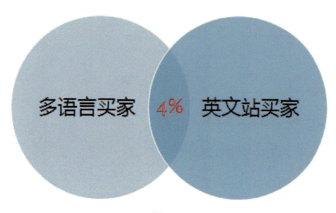

图 3-1

面对这样巨大的市场机会，作为速卖通卖家要更加注重多语言的市场开发。我们通过一个案例来阐述多语言产品信息的重要性，如图3-2所示。

这是俄罗斯购物网站产品详情页翻译成中文的样子，显然我们知道这个页面是由机器翻译出来的，页面做得不太专业，店铺文案不太靠谱，语句也不通顺，让读者很困惑，很难建立买卖双方的销售信任。所以语言信息内容质量对客户体验的影响很大。

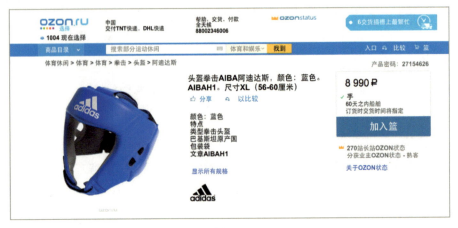

图 3-2

优化多语言的产品信息的重要性有：

- 让客户感到你的态度很认真。
- 显得很专业。
- 让你店铺里的导航更方便。
- 不会让客户感到困惑。
- 提高客户对你的服务的信任度。
- 有助于提高你的产品的点击率。

3.2 如何优化多语言的产品信息

关于多语言市场的开发和推广，很多速卖通卖家已经开展了，但是在过程中出现了诸多的问题，本节主要就如何优化产品标题和详情页进行探讨。

3.2.1 优化多语言的产品标题

无论客户是怎么找到你的产品的，通过速卖通搜索也好，通过站外搜索也好，最开始的依据部是产品标题，如图 3-3 所示。

第3章 如何优化多语言的产品信息

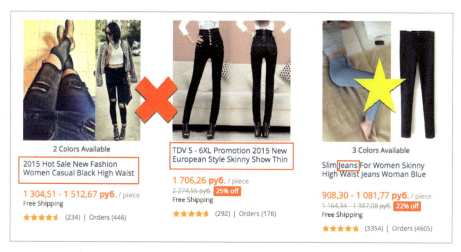

图 3-3

那么如何判断产品标题好不好呢？我们会发现两个普遍存在的问题。

第一个问题是关键词过于隐蔽。

关键词过于隐蔽指的是客户不会一下子理解你卖的到底是什么东西。如图 3-3 所示，左边和中间的两幅图片中的"产品名"完全没提到"牛仔裤"这个词，大部分信息都是"时髦""新款""大促"。这种写法不符合外籍客户的阅读习惯，右边的图片是正确的，产品名的第一个词就是修身牛仔裤。所以我们建议根据右边图的模式去写产品标题，避免滥用广告类的词语，注重客户购物习惯，给客户一个真实和明确的名称。

我们再以海外购物网站亚马逊和 ASOS 为例进行探讨产品名称的话题，如图 3-4 所示。

我们发现，其产品标题也不短，最关键的产品信息词 Dress 和 Swimsuit 虽然在后面，但是没有乱七八糟的词太多而将其隐藏的问题，产品名长度控制得正好，产品名在搜索页面能完全显示，没有断掉，客户一眼就能看完。

第二个问题，就是产品名和产品描述不一致，如图 3-5 所示。

53

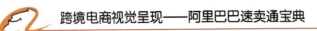

图 3-4

图 3-5

第3章　如何优化多语言的产品信息

这是一个介绍手机的页面，产品名里写的是手机镜头有 1300 万像素，但是产品描述里写的是 800 万像素。我们不得不承认，这种问题是很常见的。这样也就很容易失去客户的信任。所以整个详情页必须保持一致性，不要让客户怀疑你可能在骗人，怀疑你的责任心和专业度。

针对以上经常出现的问题，我们提出了三个方案：

第一，方案针对的是如何从卖家的角度解决这些问题，虽然大多数产品名都是被机器翻译出来的，但是有办法提高机器翻译的质量，给客户带来更好的体验。

首先要把最关键的信息放在前面。如果你卖裙子，那产品名的前几个单词必须要包含"裙子"，而不是"大促""包邮"之类的广告单词。后面就可以写裙子的长度、款式、颜色。这样客户一下子就很清楚这个产品是什么。产品名的关键词最好控制在 25 字符之内，因为在搜索结果页面系统自动把产品名 25 字符后面的字符剪掉。所以在优化多语言的产品标题时要注意：

- 最关键的信息放在前面。
- 关键词控制在 25 字符之内。
- 避免广告类词语。
- 保持产品名和产品描述的一致性。

我们为什么不建议写"包邮"？请看图 3-6。

Free Shipping（包邮）在产品名下面会自动显示。产品名长度有限，放重复的信息等于浪费空间。

第二，速卖通平台推出的解决方式。目前速卖通平台有一个众包翻译平台，如图 3-7 所示。众包是什么意思？众包意味着客户作为志愿翻译员来完成商品信息的翻译任务。这种模式利用生态体系降低成本、提高本土化质量。至于翻译质量，其他客户通过投票选择最佳翻译后，产品名才上线。推出几个月之后的客户调研表明，俄文站客户对商品标题的满意度有明显提升。

图 3-6

  当然大家最担心的可能是客户翻译会影响搜索结果，其实对多语言产品名来说不会影响搜索，还能提升搜索页到产品详情页的转化率，所以大家可以放心使用客户翻译的产品名。

  如果卖家发布的是英文产品名，那么系统会自动选择客户投票最多的众包翻译多语言产品名；如果卖家发布的本来就是多语言的产品名，众包翻译的产品名就需要卖家手动操作后才会发布，希望大家多使用客户努力翻译的产品名。

第3章　如何优化多语言的产品信息

图 3-7

第三，请以该语言为母语的人来帮你做专业翻译。他们不但会提供质量较高的翻译，而且可以提供本土化的建议。比如说，在中国卖家会怎么称呼客户？在淘宝上我们经常看到'亲'和'亲爱的客户朋友'，但是在俄罗斯这样称呼算过分亲呢。

如果只靠机器翻译，就没有办法提升翻译质量吗？并不是。需要慎重使用机器翻译：用比较简单的词语和语法，避免过长的句子和拼写错误。请看图 3-8 中的例子：如果 free shipping 错写成 free ship，翻译的结果会从包邮变成自由舰。这个搞笑的错误经常在我们的网站上出现。还请大家注意使用空格、逗号和句号，避免拼写错误。

图 3-8

3.2.2 优化多语言的产品详情页

我们知道详情页是影响客户选择的重要因素，客户希望通过这个页面获得关于你的产品的最准确、最完整的信息。你所提供的信息以及其他客户的评论能很大程度影响他们的决定，决定是否购买你的产品。

要想满足世界各地的客户对产品详情页的要求是很难的，因为各国客户对语言、产品款式，甚至对照片审美的要求都不一样。如果要做一个完全符合俄罗斯客户需求的页面，那来自法国的客户不一定能看上它。当然你首先要考虑你的目标市场，但是也要考虑不属于你目标国家的客户至少也要看得懂你在卖什么，你的产品有什么优势。所以我们要尽量提供可以翻译的内容。

产品描述中的文字要以文字的形式放在产品描述中，而不能放在图片中。这样我们的平台会自动根据客户所选择的语言翻译文案。如图 3-9 所示，第一张图是速卖通的俄语站，第二张是英语站。如果你打开法语站，文案还会自动翻译成法语。这是一个好的模式。

Size Information

Размер информация

Размер	Плечо См	Дюймов	Бюст См	Дюймов	Талия См	Дюймов	Бедра См	Дюймов	Рукава См	Дюймов	Длина См	Дюймов
S	37	14.57	86	33.86	85	33.46	91	35.83	57	22.44	65	25.59
M	38	14.96	90	35.43	89	35.04	95	37.40	58	22.83	66	25.98
L	39	15.35	95	37.40	94	37.01	100	39.37	59	23.23	67	26.38
XL	40	15.75	100	39.37	99	38.98	105	41.34	60	23.62	68	26.77
XXL	41	16.14	105	41.34	104	40.94	110	43.31	61	24.02	69	27.17
XXXL	42	16.54	110	43.31	109	42.91	115	45.28	62	24.41	70	27.56
4xl	43	16.93	115	45.28	114	44.88	120	47.24	63	24.80	71	27.95
5xl	44	17.32	121	47.64	120	47.24	126	49.61	64	25.20	71	27.95

Просьба отметить, что размеры измеряются плоскими. Пожалуйста, позвольте немного несоответствие.

Size Information

Size Information

Size	Shoulder CM	Inch	Bust CM	Inch	Waistline CM	Inch	Hip CM	Inch	Sleeve CM	Inch	Length CM	Inch
S	37	14.57	86	33.86	85	33.46	91	35.83	57	22.44	65	25.59
M	38	14.96	90	35.43	89	35.04	95	37.40	58	22.83	66	25.98
L	39	15.35	95	37.40	94	37.01	100	39.37	59	23.23	67	26.38
XL	40	15.75	100	39.37	99	38.98	105	41.34	60	23.62	68	26.77
XXL	41	16.14	105	41.34	104	40.94	110	43.31	61	24.02	69	27.17
XXXL	42	16.54	110	43.31	109	42.91	115	45.28	62	24.41	70	27.56
4XL	43	16.93	115	45.28	114	44.88	120	47.24	63	24.80	71	27.95
5XL	44	17.32	121	47.64	120	47.24	126	49.61	64	25.20	71	27.95

Pls be noted that the sizes are measured by flat out.Pls allow for a little discrepancy.

图 3-9

产品详情页另一个重要的元素是照片。经营服装类目的朋友都知道，客户经常会与卖家沟通，要求提供产品的真实图片。为什么会这样呢？因为有些卖家Photoshop用得过于完美了，客户一看就知道是PS的图片，自然认为商品比图片差。举一个例子，如图3-10所示。

图 3-10

左边的这个图很明确是一件连衣裙的照片，但这三件衣服的褶是一模一样的，颜色一看就是PS的，图片质量也很差。右边的这张图能让客户很清晰地看到面料和缝制的做工。所以尽量使用产品的真实照片，更能有效地促进客户购买。

当然有些产品类型不仅需要照片，而且需要一个小教程，给客户解释一下你的产品是怎么用的，在设计详情页时尽量考虑到这一点。最重要的是，无论如何不要使用中文的描述或者课程。用写满中文的图片给客户介绍产品详情是完全不行的，不但客户看不懂，而且也无法用机器翻译，如图3-11所示。

写文案的时候也要注意，特别是要尊重外籍客户的文案格式习惯。比如俄罗斯、美国的客户觉得用大写字母聊天不礼貌，因为他们觉得大写字母表示大声喊，如图3-12所示。如果你想特别强调文案的某一个部分，请加粗。

跨境电商视觉呈现——阿里巴巴速卖通宝典

图 3-11

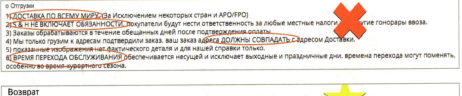

图 3-12

详情页页面结构对文案的可读性很重要。页面模板是外籍设计师准备的，让我们看一下产品描述需要哪些信息。

如图 3-13 所示，最上面建议放产品主要卖点描述，长度最好控制在 3 到 5 行。可以放补充描述，对于电子产品可以是功率、电压，对于服装之类产品可以是尺寸、材质、颜色、洗涤说明。再往下可以加 3 到 6 幅图片，包括细节图，比如材质放大图、手工特点图、组件图、包装图等。描述最后的部分介绍你们的品牌可以讲一下你们公司的历史和特点，并且放一些线下店铺照片、公司规模照片、生产照片等，如图 3-15 所示。

第3章　如何优化多语言的产品信息

图 3-13

图 3-14

61

平台为不同行业准备了不同的页面模板，让客户很容易了解你们产品最主要的卖点和细节，如图 3-15、图 3-16 所示。

图 3-15

第3章 如何优化多语言的产品信息

图 3-16

关于优化多语言的产品信息，我们用国外著名的一句话进行总结：Less is More，字面意思是"更少的就是更多的"。这个概念在欧美国家现在非常流行，不管是设计、文案还是时尚，简约并不代表简单，而是精益求精不断简化优选出来的精华。现代客户不喜欢读太多，也就是说客户不需要太多的信息，他们需要最关键、最精华的信息。

第4章

地域间视觉的差异化

本章要点：

- 国家密码解析之俄罗斯与巴西
- 国家密码解析之西班牙与法国

网页中的视觉传达是以计算机为媒介，通过互联网获取信息的视觉传达过程，其本质就是视觉信息的传达。

网页中的视觉传达是客户和信息之间的一座桥梁，帮助客户快速、高效、愉快地获取信息，使其能获得较好的体验。设计者在网页设计过程中不论采用何种表现形式和制作技巧，都应"以客户为中心"，以提高客户体验为宗旨，制作出高质量的网页，避免"功能至上"让客户索然无味，避免"美感至上"成为客户的思考负担。

4.1 国家密码解析之俄罗斯与巴西

4.1.1 俄罗斯电商网站视觉呈现特点

近年来，俄罗斯互联网发展迅速，网民数量激增，电子商务蓬勃发展，市场规模不断扩大。自俄罗斯经济危机以来，居民实际收入下降，对价格的敏感度提升了俄罗斯民众的网购热情。目前俄罗斯电子商务市场的总体趋势为：需求未减，增速放缓。从中远期来看，随着俄罗斯电子支付系统和配送物流网络建设的不断完善，该市场依旧具有较大的增长空间和发展潜力。如何使网站的视觉传达设计更本地化，赢得俄罗斯网民的认同，与俄罗斯本土电商展开厮杀，斩获更多的订单，是我们跨境卖家必须直面的问题。知己知彼百战不殆，所以我们应对俄罗斯电商网站多做些了解和分析。俄罗斯电商网站大体有如下几个特点。

4.1.1.1 导航系统结构明晰

网站的导航系统好比教科书的目录，就应该清晰明了，无论浏览者在网站的什么位置，都可以轻松、自由地跳转到其他页面上。这就要求导航系统结构明晰、布局合理，而且最好只需一次点击就可以完成跳转。另外，网站构成图也是很有效的一个导航手段，在这里浏览者可以对网站的架构一目了然，想看的地方轻轻一点就可以进去。它更符合人的思维习惯，迎合了浏览者不愿被约束的心理，体现了对多元化人文精神的尊重，如图4-1所示。

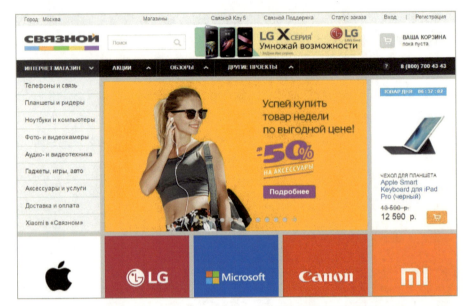

图 4-1 （导航清晰，一目了然，为客户点击提供了便利性）

所以说导航既是科学，又是艺术。保证导航的顺利只是网页设计工作的一部分。在视觉传达设计领域，还要进行导航形式、导航样式的设计。文字、图像、图标甚至活动的小动画，各种设计元素都可以用于导航的设计，但是无论采用何种样式，导航的设计都要适合页面结构。特殊的、隐蔽的导航方式也许可以在首页上引起人们的兴趣，但是如果过多地采用这种设计，会降低网页的可读性，分散浏览者对页面信息的注意力。

4.1.1.2 人机交互操作顺畅

人机交互是指人与机器之间的交互方式，即人操作带来机器的响应。可以用网页链接来说明一个简单的人机交互。单击一个链接，打开到一个页面，再单击一个链接，再打开另一个页面，如此反复形成了人与机器互动、互相交流的操作环境。好的交互总是体现为操作的便利，并能随时在富有视觉美感的交流平台上进行及时完整的信息传达与接收。网页视觉传达的交互操作提供了更广泛的沟通渠道，创造了参与体验的机会，满足了人们主动参与信息交流的愿望。

俄罗斯本土电商网站都比较关注这点，在客户界面的设计上力图美观易懂，操作简单，拉近客户与机器的距离，提高效率，在时间和空间上确保操作者的体验，如图 4-2 所示。

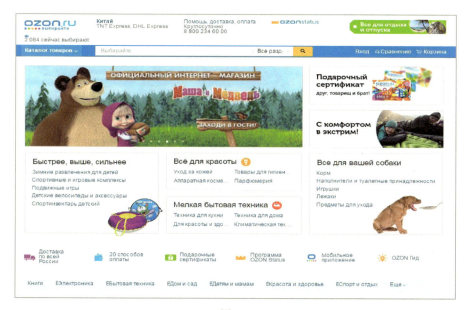

图 4-2

4.1.1.3　分众传达具有针对性

在分众传达中,受众的地位在网络上发生了变化,从被动接受到主动选择,受众主观能动性大大提高,成为驾驭信息的主人。只有信息内容能够满足人们的需要,同时能够带来愉悦的心理和生理体验时,人们的注意力才会集中到这些内容上来。网页视觉传达因其媒介技术的优势而拥有更多可以利用的视觉元素和表现手段,可以塑造出更具个性化的信息形象,真正满足分众传达的需要。

比如俄罗斯一些销售电子产品的网站,将年轻群体确立为目标受众,其网页媒介突破了单纯平面、静止的形式,不仅采用艳丽的色彩和生动的视觉造型,还附带了迎合青年人品味的背景音乐、视觉形象动画等,充分实现富有活力、形式新颖、动感强烈的视觉效果,多感官同时刺激,更贴近既定的受众群。

Eldorado 成立于 2006 年,是俄罗斯第二大生活用品电子零售商,基于该平台的经营品类,尤其注重产品展示的视觉效果,如图 4-3 所示。

跨境电商视觉呈现——阿里巴巴速卖通宝典

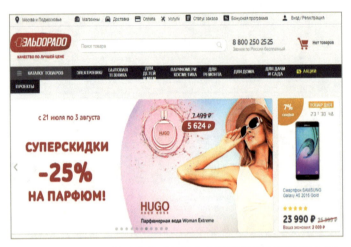

图 4-3 （Eldorado 首页动感画面给分众群体强有力的视觉冲击）

4.1.1.4 页面设计注重实用性

更好地和更有效率地将信息传达给受众是网页视觉最本质的目的，一切设计中的表达方式都要服从于这个目的。通过美妙的配色、灵活的版式、具有互动性的操作，制作出引人关注的页面。这样页面不但使人浏览起来心情愉快，而且便于接收信息。

网页设计最突出的变化是对网页实用性重视程度的提升。产生这种变化的主要原因是，随着客户和访问频率的急剧增加，导致网站必须把多余的纯装饰性的东西省略，以提高网站的可读性。重视实用性实际上就是突出欲传达信息的主体视觉形象。无论这个信息的主体具体表现为什么样的形式，它都是传达的核心。这就需要站在浏览者的角度来进行设计构想，才能使网页得到认同。

位于莫斯科的 Sotmarket 公司，成立于 2005 年，网站以笔记本电脑、平板电脑、照相设备为主营产品，其网站首页铺满热销品及折扣商品的图片，让这些图片成为浏览时视线流动的焦点，达到引导、诱发人们的购买热情，如图 4-4 所示。

4.1.1.5 注重多媒体的综合应用

多媒体的综合应用是指网页视觉传达可以兼容多种媒介元素，涵盖文字、图形、声音、动画、视频等。因此，网页可以体现多种媒介的传达特性。不同的媒介在视觉传达过程中所发挥的作用自然是不尽相同的，当多种媒介元素综合应用于同一场合、用于实现同一信息传达目的时,其效果必然会更加全面、更加有力。

图 4-4

多媒体的综合应用是网页视觉传达的特殊优势之一,随着网络科技的继续发展,这种综合应用会越来越完善,以满足浏览者对网络信息传输质量提出的更高要求。俄罗斯电商网站注重这些多媒体元素的应用,与本土的民俗、禁忌紧密结合,达到视觉营销的目的,如图4-5所示。

图 4-5 (适合用的一些色彩及图形元素)

4.1.2 巴西电商网站视觉呈现特点

在巴西跨境电子商务交易中,既有巴西本土电子商务平台,也有国外知名电子商务平台。从整体上看,国外知名电子商务平台的表现要优于巴西本土电子商务平台。据 ALSHOP(巴西零售商协会)数据显示,AliExpress 在 2015 年第三季度起销售额已跃居巴西首位,成为最受巴西网民青睐的购物平台。

据 payvision.com 数据显示,巴西互联网普及率约为 51.6%,移动手机普及率为 136%,互联网覆盖超过 1 亿人,网购群体达到 0.51 亿人规模,电子商务交易额约为 128 亿美元,电子商务普及率约为 39.8%,电子商务年均增长率为 17.6%。目前巴西有 530 万名商户从事跨境电子商务交易活动,预计到 2018 年将增至 940 万名商户。

可以这么说,巴西市场的前途是光明的,但道路是曲折的。跨境卖家只有不停地吸取各种营养,才能够在巴西市场快速地成长。巴西电商网站视觉上的显性特点主要有三个。

4.1.2.1 文字设计流畅、规范

文字显示自然流畅。网店页面的每一部分都是在为销售产品服务的,网店中海报的文字与广告牌上的文字一样,要在页面上突出,周围应该留有足够的空间展示产品的其他信息。文字部分不能出现拥挤不堪的现象,例如紫色、橙色和红色的文字会让人眼花缭乱,会让人的心情感觉压抑,不利于客户浏览。

字体使用统一规范。设计时用一种能够提高文字可读性的字体是最佳选择。一般都会采用通用的字体,因为这样最易阅读,也适合客户的浏览习惯。特殊字体用于标题效果较好,但不适合正文。如果字体复杂,阅读起来就会很费力,也会让客户的眼睛很快感到疲劳,不得不转移到其他页面。除了字体的选择之外,文字颜色的设置也很重要。因为不同显示环境中的颜色会存在一定的色差,就算你在设计时发现在自己的电脑中看上去很舒服很好看,也并不代表客户在另外的浏览环境下有相同的效果。所以在设置字体颜色的时候,要将不同的浏览器和不同显示器对颜色的显示有不同的效果考虑进去。

第4章 地域间视觉的差异化

Mercadolivre（魅卡多网）是巴西本土最大的 C2C 平台，相当于中国的淘宝网。在其网页中全部采用统一规范的通用字体，文字的用色精简，整个网站看上去栏目内容和谐清晰、主次分明，如图 4-6 所示。

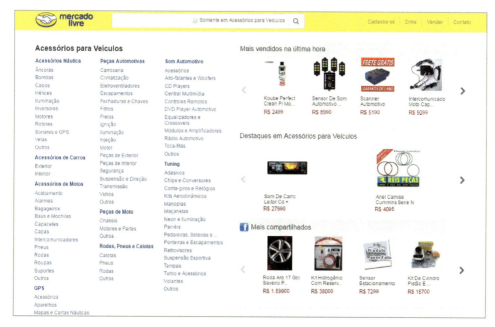

图 4-6

4.1.2.2 注重产品的局部细节展示

图像在网店中是非常重要的部分，视觉冲击力比文字要强很多。它能够在瞬间吸引客户的注意，让他们知道产品的基本信息。在多媒体的世界里，它的作用比文字要大。细致入微的产品图像是增加浏览量和促进购买的关键，因为图片在视觉信息传达上能辅助文字，帮助理解，还能直接地把信息内容高素质、高境界地表现出来，使本来平淡的事物变成强而有力的诉求性画面，体现出更强烈的创造性，形成独特画面风格而吸引视觉关注，烘托视觉效果和引导阅读。

巴西本土电商的页面都能体现出这一特点，产品的图像除了广告图、产品主图外，一定会附带细节实拍图。假如优美的主图设计能给卖家带来一定的流量和转化率。那么产品细节的实拍图是决定成交与否的关键。对于巴西客户而言,他有这样的要求:

图片要是实物拍摄图;细节图要清楚展示;颜色不能失真,要有色彩说明;图片打开的速度不能太慢等。所以卖家在展示产品时一定要关注巴西客户的需求。

Netshoes 成立于 2000 年,是巴西的第二大网上零售商,其产品局部细节的展示可以给我们很多启发,如图 4-7 所示。

图 4-7

4.1.2.3 网页界面追求简洁性

根据眼球的生理结构可知,最有效的视觉感知部位在视网膜上只占很小的比例,这决定了在一定的时间内只能容纳少量的视觉信息。网页中蕴含的信息量越多,真正能够发掘出目标信息主旨的概率就越低。一个网页中如果存在过多的视觉信息元素,超出了既定的视觉容量,人们反而容易产生抵触反应,产生不快感。因此网页设计的创意应该以简洁、直接的想法取胜。简洁并不是指信息内容量少,而是要求通过视觉元素的设计安排将内容精炼化,使信息具备高度的浓缩性和明白易懂性。

另外,现代生活的快节奏,使受众阅读信息的时间极为短暂并且分散,要想引人注意,必须永远保持简洁、简洁再简洁。过于复杂的内容使人难以理解和把握,

第4章 地域间视觉的差异化

任何过多的信息都会破坏传达效果。文案、标题、标语应简短、单纯，要删去一切与主题无关的繁杂装饰，突出主要的诉求点。图形、文字、色彩要高度概括，用直观简约的方法将信息转化为典型、理想的艺术形象。

比如 peixeurbano，它是巴西最大的团购网站，在其产品页面，单一的背景色铺满全屏。网站信息精练，页面干净、时尚、前卫而高效，给访问者留下深刻的印象，如图4-8所示。

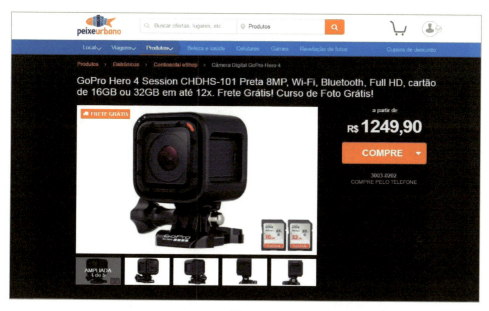

图 4-8

4.2 国家密码解析之西班牙与法国

4.2.1 西班牙电商网站视觉呈现特点

根据 Ecommerce Foundation 发布的欧洲电商报告数据，2015 年西班牙电子商务交易额达 241 亿欧元，大约有 1860 万名西班牙客户从网上购物，人均在线消费 1248

美元，有近50%的网购客户已经通过跨境电商平台进行跨境消费，并且进口跨境电商消费总额占西班牙电子商务交易总额的44.2%，进口跨境电商复合平均增长率为12.5%，西班牙正成为欧洲第五大电子商务市场。西班牙人非常乐意接受中国产品，在西班牙，ZARA、SEFEA、Leftis等本土品牌40%的产品来自中国。从出口数据来看，在每年进口中国产品的国家中，西班牙位列第五。越来越多的跨境电商平台看到了西班牙市场的蓝海潜质，纷纷在平台建设、卖家招募、品类挖掘、市场拓展方面加大投入。

西班牙本土电商网站视觉呈现有以下主要特点。

4.2.1.1 在色彩上渲染情感

色彩在网页设计中是一个重要的表现要素，色彩使人产生各种情感和感觉，适当的色彩运用具有引人注目、打动人心的力量，色彩吸引了浏览者的视线后，色彩所表现的形象和内容等一切信息也同时进入了浏览者的脑海中，能起到先声夺人、快速传达信息的作用。如果选择以易记忆、易辨认的颜色当主色调，或选择单纯、明亮的色彩组合，都更容易引人注目，快速给人深刻的视觉印象。

红、黄两色是西班牙人民深爱的传统色彩，象征着人民对祖国的一片赤胆忠心。红色是吉祥和热烈的象征，黄色是高贵和明朗的象征。他们对各色相间的色组和浓淡相间的色组充满了浓厚的兴趣，这些美妙的色彩组合所创造的完美境界可产生强烈的视觉冲击力和艺术感染力，能引起人们视觉观感之外的情感联想。

西班牙主流电商网站根据本土民众的这一喜好，在色彩上为网站树立自身形象，同时作用于浏览者的心理，表达特定的情感，有力地推动了对网页信息的传达。

dafiti是西班牙当地的一个服装网站，红色使用频率比较高，西班牙人比较钟爱红色，如图4-9所示。

第4章　地域间视觉的差异化

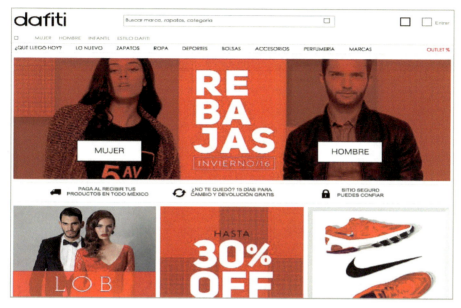

图 4-9

4.2.1.2　在文字上加强整体感

文字作为信息传达的主要手段，从最初的纯文字界面发展至今，仍是网页中必不可少重要构成元素。时下，文字在视觉设计中的用途早已不再局限于信息传达，而是演变成一种最直接的、富于启迪性和宣传性的视觉设计表现形式。而且作为网页视觉设计的一种表现方式，文字的设计要服从信息内容的性质及特点的要求，使其风格与内容的特性相吻合，而不是相脱离，更不能相互冲突。文字的主要功能是传达各种信息，而要达到这种传达的有效性，必须考虑文字设计的整体效果，应给人以清晰的视觉印象，避免繁杂零乱，使人易读易懂。字型设计良好、组合巧妙、具有新意、独具特色的字体，可以强化网站的完整性、一致性，从而塑造网站自身特有的视觉形象，不仅能给浏览者留下深刻的印象，更有助于信息的有效传达。

所以，文字是一种长期凝炼而成的视觉表现元素，具备更多理性的特征，这在网站整体风格一致性的营造中有着更为突出的作用。西班牙电商网站也十分关注文字信息传达功能，在文字的视觉设计上也是苦下功夫。

privalia 是西班牙当地较大的电商网站，主要售卖服装和生活用品，其文字设计的整体效果是很不错的，如图 4-10 所示。

75

图 4-10

4.2.1.3 多媒体构筑新奇趣味

人类在周围世界的获取的大部分信息都是经视觉到达大脑,所以在视觉上引起关注至关重要。多媒体的综合运用能够最大程度上激发浏览者的好奇心理,进而激发深入了解的热情。比如由优美的影像与协调的声音配合而成的动画视频等都会使浏览者产生新鲜感,这样的网页自然会给人们留下深刻的印象。

像 ZARA 的主页(http://www.zarahome.com/es/),凭借多媒体的全面应用使浏览者在对网站进行访问的整个过程中都身处一个千变万化、充满新鲜感的多媒体世界。造型别致的形象,千变万化的运动方式,生动逼真的音效,都在激发浏览者浓厚的兴趣,使人不知不觉便被深深吸引,留下深刻的印象。

在网页中恰当地选择和运用多媒体,通过它们构筑出独特的、充满新奇趣味的网页,会令人过目不忘。不仅加深了浏览者对网页上信息的记忆,也使网页具有了与众不同的风格,更容易吸引目光,如图 4-11 所示。

第4章　地域间视觉的差异化

图 4-11

4.2.1.4　交互设计突出体验

浏览者对网页的体验是通过交互沟通界面实现的，交互沟通界面是指那些可以被浏览者操控而做出反应的界面，在沟通界面上包括导航、信息内容、交互体验结构以及一系列的视觉元素。编排设计保持一致，使用方便，体验压力轻的设计自然会提高浏览者对体验的向往。交互体验设计中使用者要真正掌握控制权，除了可自行决定所欲选读的信息，还可以对自己感兴趣的部分进行更为深入和全面的把握，体味设计传达的主旨，了解设计的涵义，加深对信息的获取程度，享受到更多的乐趣。在设计中提供丰富的互动性的体验，是比较有效的网页风格化手段，也是确保信息最全面有效传达的方法。

如 elcorteingles.es，提供超过 300 个品牌的商品，网站客户访问量 24 万人次/天，平均停留时间为 7 分 09 秒，平均停留页数为 10.78，跳出率为 27.54%（2014 年 7 月数据），这些数据都源于它在交互体验上的合理设计。elcorteingles.es 良好的交互式网页设计恰恰可以实现多感官共同参与体验目的，也更容易获得浏览者的肯定，如图 4-12 所示。

图 4-12

4.2.1.5 版式格局形式丰富

网页的版式设计创作比较自由,没有固定的长宽比例,而是一个动态的、变化的"版面空间",丰富的版式格局有利于不断地创新,但是任何创新都要符合人们在长期浏览网页的过程中所形成的视觉习惯,这样的设计才能提高页面的可用性。因此,进行版式设计时需要注意一些技巧的应用。

大多数西班牙电商网站都形成了自己的设计风格,普遍追求舒适、亲切感的体现。采用圆角外框,友好可亲的基调,凝练简洁的字体设计,减轻了阅读压力。另外空白巧妙分离出重要信息,提高了页面的易读性和实用性,精致的图标提高了版面的视觉美感。

如 Farmacia365dias 在网站页面的布局中,留有大片采用弧线型圆角、富于形式变化的空白,页面呈现出一种整洁而明朗的视觉。这种"留白"的运用同时加强了整个页面的空间感,给页面增添活力,平衡了页面的轻重虚实,信息形象由此而凸显出来,视觉冲击力得以强化而成为了视觉焦点。免去了过于集中而在视觉上给人带来的拥挤,在心理上产生一种轻松感,使其之间更加和谐,松紧有度,具有韵律,如图 4-13 所示。

图 4-13

4.2.2 法国电商网站视觉呈现特点

在西方发达国家中,法国是电子商务发展较晚的国家,但近年来,法国电子商务市场持续活跃,特别是法国在全球性金融危机和欧债危机的影响下,经济增长受到一定影响,但其电子商务却保持着较快的发展态势。FEVAD(法国电子商务与远程销售协会)发布的统计数据显示,法国 2015 年电子商务销售额显著提高,网上成交额达到 649 亿欧元,比 2014 年增长 14.3%。

法国是一个充满了浪漫和艺术气息的国度,这种浪漫和艺术气息已经渗透于法国人生活中。它是一种优雅,一种从容。在法国人的眼中,浪漫已不是为了达到某种情调的追求,而是融于生活的每一时刻、每个方面,是一种现实的生活方式。我们在视觉呈现上能否迎合这种浪漫情怀,将直接关乎法国跨境市场的 UV、PV、GMV 数据。我们只有深入法国本土电商网站中去潜心研习、修炼心法,才有青出于蓝的机会。

当然,从不同的立场和不同的视角,就会得出不同的结论,以下是法国电商网站视觉呈现的特点。

4.2.2.1 版面布局尽显浪漫色彩

在网页设计中,网站的版面布局设计是一门对信息图文进行理性化组合的工作,既是设计技术,也是设计艺术。在界定的范围之内,将文字、图形符号、线条线框和颜色色块等有限的视觉元素进行有机的排列组合,运用造型要素和形式原理,将理性的思维进行个性化的表现,是视觉传达的重要手段。

网页信息布局是对网页中信息结构的优化安排,是将视觉内容逻辑化的过程,最终达到方便浏览者阅读信息的目的。网站的界面是与浏览者进行视觉交互的窗口,网站的界面设计是页面中文字信息与图像之间位置的设计;在界面中,文字与图像有大小之分、有内容与属性之分,两者必须根据需要进行合理的编排和布局,使其组成有机的整体,展现给浏览者。

如法国在线折扣零售开创者 vente-privee 的网站尽显浪漫色彩,其页面背景、色调、产品组的布局都能体现这一特点。商品的信息量根据不同需要进行了清晰、明确的分类。页面信息的布局就像在大型超市中对林林总总摆放的货品按照功用、类别、价格、大小等进行有效的分组,对客户的挑选在视觉上产生帮助,避免花费大量的时间来进行货品的挑选,使得购买活动轻松、愉悦,进而带动购买的欲望,如图 4-14 所示。

图 4-14

4.2.2.2　更为符合视觉习惯的导航结构

导航作为引领浏览者进行信息选择的指向标，能够在视觉上清晰地为浏览者准确定位所需要的信息。符合视觉逻辑的导航能够让浏览者更轻松地掌握网站功能服务的使用方法，能够提高浏览者阅读信息的效率，因此信息的导航往往能够决定一个网站的成功与否。所以在网站页面导航的实际设计中，要将尊重人的视觉习惯作为出发点来考虑。人的视觉总是将复杂的事物转化为更能易于理解的简单的东西，因此网站导航的设计根据自身的功能务必具有更简单、更直观、更一致的特点。

法国当地较大的电商网站 fnac 有很丰富的产品，并且网站做到了可以自适应任何大小的屏幕。其导航系统比较简洁，能将所传播的信息进行归纳分类。多使用文字进行标注，并且整齐地进行布置。让信息更为直白、有效地让浏览者所接受。在网页内各类别的导航信息被分门别类地划分成若干个以长方形为主的区块，为了强调各区块信息之间的区分，采用了方框线加以分割，符合视觉的封闭原则，使得区块自身的空间也更为整体化，如图 4-15 所示。

图 4-15

4.2.2.3　注重文字内容的设计和编排

在网站的页面中文字是信息内容最为直接的载体。在导航条中，规范整齐的导航文字能够让浏览者一目了然地快速找到所需要的信息；在产品的展示中，能够灵活运用的对于产品功能的批注，能让浏览者清晰地了解商品的特点；作为精炼的广告标题出现的文字，又能够为整个页面增添别样的活力与意境；经过别致设计的文字，还能够在页面中作为特有的图形符号使页面的图片更具视觉冲击力。作为网站页面中必不可少的元素，文字的灵活运用是非常重要的。

页面信息中的许多部分都是文字经过编排组成的整体，因此要充分发挥其在页面整体布局中的作用。从艺术的角度可以将文字本身看作一种艺术形式，它在个性和情感方面对人们有着很大影响。在网站界面设计中，文字的处理与颜色、编排布局、图形等其他设计元素的处理一样关键。

Cdiscount 为法国购物网站，拥有 1600 万名客户，平台经销范围涉及文化产品、食品、IT 产品等众多品类，商品远销南美洲、欧洲、非洲等地。该站注重页面中文字的图形化显现，并对文字进行了居中排列的编排。最终的视觉效果是以页面的中心作为轴线进行分布，使文字位于页面的视觉中心，在视觉上显得更加突出，产生对称的形式美感，如图 4-16 所示。

图 4-16

4.2.2.4　商品图像展示精细化

商品图像信息的展示至关重要，因为它能最为直观、迅速地通过浏览者的视觉向其传达商品的信息，商品图像信息的展示手法决定了商品信息能否引起浏览者的共鸣，能否引起浏览者对于商品的兴趣，能否让浏览者来购买这件商品。

譬如法国时尚平台 La Redoute（乐都特）对商品的直接展示着力强调产品的质感、形态、功能用途，将产品精美的质地完美地呈现出来，给人以身临其境的观感，让浏览者对所展示的产品产生一种亲切感和信任感。另外，注重突出商品的特征，以独到的手法抓住商品的一点或一个局部加以集中放大的展示，以更充分地展现商品的细节特点。给商品的展示带来了很大的灵活性和无限的表现力，同时为浏览者提供了更为宽广的联想空间，使其获得生动的情趣和丰富的联想，达到刺激购买欲望的促销目的，如图 4-17 所示。

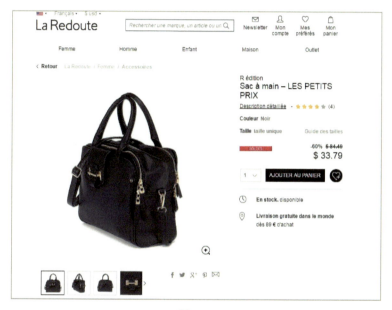

图 4-17

第5章

行业间的视觉比较

本章要点：

■ 服装类店铺的视觉特点
■ 3C 类店铺的视觉特点

5.1 服装类店铺的视觉特点

5.1.1 店铺模块与装修色彩

5.1.1.1 店招

店招,是店铺的招牌,对于客户来说,是留下第一印象的关键所在。服装类店铺的店招一般以简洁为主,在色彩上也普遍偏亮,白底色与店铺 Logo 的简易搭配是最常见的一类设计。虽然服装类店招在理论上并不需要太多图片成分,但图片的正确添加依旧会给店招乃至整个店铺添色。比如,在店招中加入本店模特的照片,就能大大增强店招整体的视觉感;同时,模特图的添加也能让客户大致了解本店铺的总体风格。如图 5-1 所示,在店招左侧放置一张穿着夹克衫的模特图片,既能平衡整张图片的结构,又能营造出浓浓的休闲感。

图 5-1

又因为服装行业具有客户回单率较高的特点,所以,在店招中加入一些店铺二维码、收藏按钮等方便实用的功能性符号也是很好的选择。

5.1.1.2 轮播海报

服装类产品本身主要是通过图片传递信息,视觉上的第一感觉是能否吸引客户点击的关键。因此,服装类产品的轮播海报一般以图片为主,配以精简的文字描述,如图 5-2 所示。通常,设计海报需要考虑字体与服装的颜色组合与风格搭配,标题或广告语在字体设计上应当醒目点睛,在文字内容上则应简洁明了,季度促销、热销爆款、新品上市等内容是比较好的选择。

一般而言,服饰类产品能够让客户在浏览时比较快速地做出反应,因此,服装海报的轮播速度也可以稍快一些,以便在有限的时间内给客户呈现尽可能多的店铺信息。如果海报的切换速度偏慢，很容易给人造成一种拖滞感。

图 5-2

人们在阅读时，一般会有一种自然的浏览习惯，即从上到下、从左到右地浏览。因此，网页页面的上部和中上部也被称为视觉传达的"最佳视域"。从这点来看，店招与轮播图的位置无疑是非常重要的。

5.1.1.3　商品展示模块

服装类店铺的商品展示模块趋于"块状"，即在一个块状区域内展现某个服饰类或单品，再由多个规模相同的方块按几行几列的方式整齐排列，或大小不同的方块按一定比例组合排列成一个展示版面（前者适合用于单品展示，后者适合用于品类展示）。如图 5-3 所示，几个看似杂乱的方块规整地拼合在一起，不但一下子就给店铺装修提升了档次，也间接地起到了店铺导航的作用。

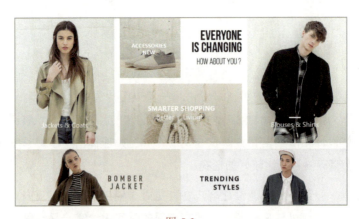

图 5-3

相较而言，图 5-4 中高度不同的产品图片只是单纯地按纵向排列，在横向上失去了平衡与对称。店铺首页若是大范围地使用该种组图方式，极容易给人造成一种散、乱、多、杂的感觉。并且，其产品主图的样式也很混乱，不但在图片尺寸上不一致，在服饰的风格类型（模特图或实物图）、拍摄角度（正面背面、远照近照）、背景底色等方面也不太协调，在一定程度上会降低客户的视觉体验和好感度。

图 5-4

5.1.1.4 产品分类模块

服装类产品的分类标准较多，有按季节、款式、风格、性别、适用人群和场合等不同的分类方式。图 5-5 中就是按服饰类型进行的分类，这种分类方式能把产品类别分得较细；而图 5-6 和图 5-7 中则分别是按照"季节"与"促销"划分，前者的优点在于不同半球、不同季节、不同国家的客户都可以根据当地的温度情况进行选购，后者的优点则在于折扣方式能获得更多的点击。

此外，还值得一提的是，第二、三家店铺还给导航条设置了"+/显示"、"-/隐藏"按钮，这样，在合理利用模块空间的同时，还给客户浏览商品类目带来了一些方便。

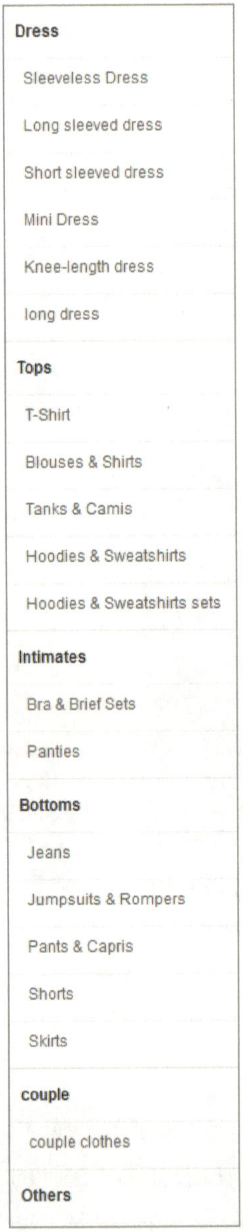

图 5-5

第5章 行业间的视觉比较

图 5-6

图 5-7

不过，服饰类产品的某些分类方式，偶尔也会有一个单品在不同类别下重复出现的现象。

5.1.1.5 网页色彩与风格

服装行业的店铺配色应当要注意底色和主色的区别对待，在色彩选择上应充分考虑本店的特色与商品的特征，注重商品风格、品质与色彩的搭配，选择适合自己的装修风格与色彩应用。比如，少女服装店铺的设计就可以以浪漫可爱的风格为主，在色彩上较多采用粉色或淡紫色等明亮活泼的颜色；而熟女服装店铺的设计则可以以干练优雅的风格为主，在选色上以白色、黑色或米黄色等体现气质的颜色为主。如果对自己店铺服装的风格没有很好的定位，空白的背景色是比较好的选择之一。

5.1.2 主图展示

面对琳琅满目的海量服饰，客户的购物决定经常只来自第一眼的视觉感受，那些漂亮的、视觉冲击力强的、可以清晰反映款式信息的产品图片，往往更能赢得客户的青睐。所以，服装类产品的图片更需要在摄影风格、产品展现方式和后期美化工作上大下一番功夫。

5.1.2.1 主图的特点

首先,服装图片的背景修饰应当遵从构图原则,将主体放置在画面比例适中的位置。其次,要选择简单的背景,避免画面中出现与主体无关的物体;再次,图片的背景底色应尽量与服装相协调、甚至以凸显服饰的特征为首要任务。这几点也是许多其他行业在图片拍摄、美化上都实用的规则。

5.1.2.2 产品展现方式

服装类产品的图片展示一般可分为模特图与实物图展示,这两种展示方式各有各的优点:模特图的服装穿着效果会远远好于未穿着的服装陈列效果,也更能诱发客户的购买欲望;而实物图则可以更多地展示服装细节,如面料、做工等微小信息的呈现,就能在一定程度上提高客户对店铺的信任度。

服装类图片的展示,应充分考虑以上两种方式的优点。在展示方式上,以真人模特作为首图来吸引客户点击浏览、以其他方式为辅的综合展示,是该行业较为通用的做法之一;在展示维度上,服饰的细节放大图也是主图所必需的一个要素,如图 5-8 所示。

图 5-8

5.1.3　详情页展示

网页是客户获取产品信息的唯一窗口，客户只有通过网页了解到产品的质量、性能等信息，再结合往日的购买经验和知识对产品做出判断后才会进行购买。因而，服饰在网页上的展示效果对客户获取信息和做出购买决定是非常重要的。

5.1.3.1　文字

服装产品在详情页中的 Item specifics（产品属性）和 Size chart（尺码表），已经基本能够满足客户对服装相关信息的需求。当然，为了让客户对商品主体和服务交易的了解能更加全面，一些如服饰颜色、板型、面料、细节等产品属性说明文字和产品色差、送货时间、售前售后服务等交易事项告知文字也是必不可少的。

5.1.3.2　图片

客户无法体会服装的上身感觉，只能根据卖家提供的图片信息进行联想，这必然增加了网购中选择商品、鉴别商品的难度。因此，网店在服装商品展示时除了要多角度展示商品穿着效果，还要进一步展示服装局部、面料、质量、手感以及做工等细节。

一般而言，服装类产品的图片在理论上只需包括模特正面、侧面、背面和几张动态时的图片，以及几张有关面料、细节的实物图即可，在图片数量上不宜超过8张。因为太多的图片展示很容易产生重复，既降低网页的加载速度，又给购买者造成不必要的流量损失。为有效利用页面空间，还可以在横向上放置2~3张产品不同角度的图片，如图5-9所示。

图 5-9

5.2 3C类店铺的视觉特点

5.2.1 店铺模块与装修色彩

5.2.1.1 店招

在色彩的应用上,由于明色、艳色会比暗色、浊色更具图形效果,明色的小面积使用又会比大面积使用更具有图形效果,所以可以看到,在以暗色系为主的3C店铺首页,会有部分店招采用小面积亮色的文字、图案,以求视觉冲击来给客户留下印象。

在店招的组成成分上，3C 类产品的店铺可以在店招中适当地添加一些产品的图片，并且更进一步，将产品图片改造为一个装饰与展示作用并重的"小橱窗"（服装类产品不太适合小窗口轮播）。图 5-10 中的店招就是将产品图片以轮播图的方式进行展示，在丰富店招内容的同时，也达到了营销的目的。

图 5-10

此外，3C 类产品并不像其他类别的产品会受到季节或者款式的影响而限定客户群体的分布，并且 3C 类产品也需要客户仔细阅读卖家提供的文字信息来深入了解产品的性能、功用。因此，语种的选择对 3C 类产品来说也相当重要，在店招中单独设立一个"语言选择"模块，是 3C 类店铺经常采用的做法，如图 5-11 和 5-12 所示。

图 5-11

图 5-12

5.2.1.2 轮播海报

3C 类产品的轮播海报，不但要追求产品在视觉上的设计感、美感，还要注重对产品内在价值的呈现，简单的图片展示并不能很好地说服、诱导客户点击浏览商品页。数码产品的海报图，必须要图片与文字的互相结合，才能够给客户呈现最全面、最重要的信息。通常，产品图片与文字的比例是 1∶1 左右，文字内容可以包括产品型号、主要性能等产品数据和促销优惠、上市时间等店铺营销信息，如图 5-13 和图 5-14 所示。

由于 3C 类产品所需传递的信息量较大，故海报在轮播的速度上也会稍慢一些，以方便客户能彻底地获取信息、消化内容。

图 5-13

图 5-14

5.2.1.3　商品展示模块

在 3C 类产品的店铺里，商铺首页越来越多地出现了"片状"的商品展示模块。所谓"片状"的展示模块，就是将几张产品图或产品海报以平铺的方式，连续地展示在店铺首页，如图 5-15 和 5-16 所示。这种方式能最大化地呈现产品的细节与特点，同时也给人营造出高端和现代化的感觉，十分符合电子产品的风格。

但这种方式在装修上也有一定的难度：首先，图片的像素在宽度上要过关；其次，各片状图之间也要有和缓的色彩过渡（可以适当穿插白底图片）和承接转换；最后，展示的产品数目不能过多，否则这种铺陈方式很容易拖慢加载速度，给客户造成不良的浏览体验。也因此，这种方式并不太适合在售产品数目较多的行业。

第5章 行业间的视觉比较

图 5-15

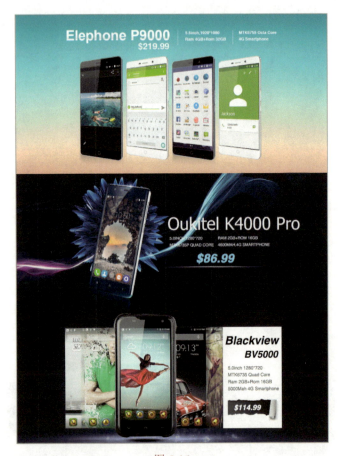

图 5-16

5.2.1.4 产品分类模块

总体来说，3C 类产品的分类标准比较统一、稳定，大多采用的是以"型号"或者"功能"为标准的分类方式。在这种分类方式下，产品类目的重复率较小，导航的更新率也不高。

又由于 3C 类产品的购买者大多会带着明确的目的性进行选购，因此，他们一般也只会在一个功能分类下进行选择。这时候，分类较粗略或者其他不相干类型产品的出现，都有可能会干扰到客户的购买过程，降低他们的好感度。所以，3C 类产品应该秉承电子产品精密、严谨的特点，有一个准确、细致的分类。

5.2.1.5　网页色彩与风格

电子产品的销售比较注重理性与对比度，因此，色彩的选择并不需要过于花哨，应以凸显电子产品的性能为首要任务。从色彩学的角度来说，黑、白、灰三色属于"无彩色"，能被人眼快速分辨并能与高彩度的色彩区分开来，起到凸显有彩色的作用。又因为深色比较符合店铺主打电器销售的市场氛围，所以，黑、灰等无彩色或深蓝等冷色调颜色是 3C 类产品店铺经常使用的主题色。比如，黑色的使用，就比其他产品更能够凸显商品的高档和高雅品质，营造高端氛围。

但是深色调的冷色鲜艳度较低，常给人一种冷、硬、不易亲近的感觉。若是能够稍微运用一下对比强烈、鲜艳、明亮的色彩作为辅助颜色，借此与冷色调区分开来，便能够有效地吸引客户的目光。比如，产品本身所呈现的彩色，就能在色彩上与店铺主题色形成对比，延长客户在视觉上的色彩停留时间，使浏览者不自觉地将目光更久、更集中地停留在产品的图片上，起到装饰网页和宣传产品的双重作用。

5.2.2　主图展示

3C 类产品讲求的是精、密、细，产品的图片像素质量，在很大程度上决定了客户对商品质量是否认可。因此，其产品的主图展示必须要以实物图为基础，在外观上尽可能多角度、全方面地呈现产品细节。通常，产品只需要用白底衬色（因为白色给人亮堂清晰的感觉，可以让客户更仔细地观察数码产品），再配以清晰的实物展示图就能赢得关注。不过，购买者经过搜索后出现的排序商品可能会很多，如果产品主图都是用清一色的官方图片或者没什么特色的图片，是很难在一堆纷繁的同类产品中脱颖而出的。

这时候，适当增加主图的彩色比例，或许是吸引客户点击的一个好方法。因为当购买者在快速下拉同类产品的搜索页面时，双眼比较容易在一片黑、白、灰中接受彩颜色的刺激和信息反馈。如图 5-17 所示的两个产品图片，就都在底部或顶部插入了彩色的标签，且还在标签上给出了重要信息的文字说明。想必它们被注意到的可能性也会远超过其他同类商品。

图 5-17

另一方面,卖家还可以挑选一些富含积极情感和生活气息的图片作为产品的主图。3C 类产品并不像其他商品一样,能够传达太多生活化的感情和信息,但这也给卖家提供了一定的发挥空间。如图 5-18 所示,同样是多色平板的展示,右图的平板屏幕上比左图多了一张"足球"的展示图片。这样一来,不仅让产品主图的色彩、内容都丰富了起来,给这些"冰冷"的数码产品增添了一抹生活气息,还很自然地将产品的屏幕分辨率信息传递给了浏览者。排除其他因素,相信客户点击右侧产品的可能性会更大一些。

图 5-18

5.2.3 详情页展示

5.2.3.1 文字

由于 3C 类产品要传递的信息大多不是传统的可感知信息，而是存储在产品内部不可见的功能信息，这无疑就增加了客户解读、获取产品信息的难度。为了降低客户在购物时的困难，卖家应该提供更多详细的、真实的文字描述来全面介绍产品的性能和特点。举例来说，手机类产品就拥有许多较易描述的属性，如大小、厚度、屏幕像素、待机时间等，而这些属性光靠图片是难以完全说明的。只有借文字将产品的性能、优点表述出来，才能够提高客户对产品的了解和对店铺的信任。即使是在产品图片中，适当补充一些文字解释也是必要的。

从下面两图的比较中，我们还能感受到，如何整理语言、排列文字也是 3C 类产品在详情描述时的一大学问：文字的大小、字体、颜色等，应当在一定程度上保持统一，而不能在同一个区域内出现类型过多的文字。明显地，图 5-20 比图 5-19 更能清晰展现产品的特性，在视觉上也给人更舒服的感觉。

图 5-19

Description:

- Brand new and high quality
- Easy to Expand, Easy to Migrate
- Dependable packet Switching
- Simple Plug-and-Play Connection
- High Performance, Economical Choice

Features:

- Five 10/100BASE-T-Ethernet Ports
- Support Auto-Negotiation for 10/100Mbps
- Support Auto-MDI/MDIX for each port
- Support Full/Half duplex transfer mode for 10/100Mbps
- Complies with IEEE802.3, IEEE802.3u
- Built-in high-efficiency SRAM for packet buffer and 1K-entry look-up table
- Supports IEEE802.3X for full-duplex flow control and back pressure for half-duplex flow control
- Support packet lengths up to 1536 bytes
- Support Store-and-Forward switching method
- Support Broadcast Storm Flow Control

Package included:

- 1 X 8-Ports Switch
- 1 X Power Adapter (EU/US plug)
- 1 X User Manual

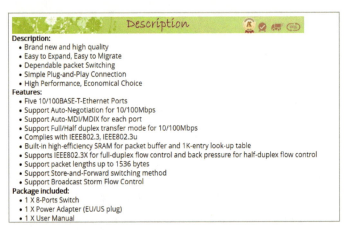

图 5-20

此外，列表格也是 3C 类产品在描述详细信息时常用的一种方式，这种做法能够将数据和性能等重要信息有条理地全部呈现在购买者眼前，如图 5-21 所示。

Specifications

Basic Information	
Model	Bluboo Maya
Band	2G: GSM 850/900/1800/1900MHz 3G: WCDMA 850/2100MHz
SIM Card	2x sim Card Slot
Service Provide	Unlocked
Style	Bar
System	
OS	Android 6.0
CPU	MT6580A Quad core
RAM	2GB
ROM	16GB(About 12GB Available,the system will occupy about 4GB Storage,please check this and we donot accept dispute about this)
Screen	
Display Size	5.5inch
Resolution	1280*720 pixels
Camera	
Back Camera	8.0 MP (interpolation to 13.0MP)
Front Camera	5MP (interpolation to 8.0MP)
Connectivity	
Bluetooth	Bluetooth 4.0
WIFI	802.11 b/g/n
General	
Language	English,Russian,chinese,Spanish,polski,Dansk,Deutsch,Filipino,Magyar,Nederlands and so on
Card extend	Support TF card
FM Radio	Yes, earphone needed
Earphone Port	3.5mm
Other features	WIFI, Bluetooth, Email, Messaging,Wallpapers, Calendar, Calculator, Clock, Camera, Play Store, etc.
Accessories	1 x Cell Phone 1 x Charger 1 x USB Cable 1 x User Manual

Recent

图 5-21

5.2.3.2 图片

3C 类产品对文字描述和图片展示的要求都极高。即便文字能够传达重要的抽象信息,但在表象信息的呈现上,无疑是图片能够提供比文字更加准确、全面和生动的信息。

由于一个产品所能上传的主图数量是有限的,更多的产品细节图片只能由详情页提供。为了避免页面中只出现单调的产品实物图,有想法的卖家还会将产品置于一定的生活场景中,或是将其与海报结合在一起,让图片不只传达产品本身的信息,如图 5-22 和 5-23 所示。但也要注意,看多了同类商品的客户们,或许也会对这些"营销式"海报产生一定的审美疲劳。只有在真实、真诚、清晰的实物图基础上,结合本店产品的文化精神而设计图片样式,才是视觉上赢得客户喜爱的不二法宝。

图 5-22

图 5-23

另外,如果店铺还能提供产品 3C 认证的证书图片,自然能在产品的质量上更具说服力。一旦客户觉得消费的风险降低了,对产品的信任程度增加了,那么,他们消费的主动性也就增强了。

第6章

旺铺视觉设计指导

本章要点：

- 店招设计指导
- Banner 设计指导
- 设计比例指导
- 无线端店铺设计指导

产品的视觉呈现已经成了跨境电商不可缺少的一部分。全球速卖通对于视觉营销同样是非常重视的。2013年9月份,我们第一次升级后台旺铺设计,开通自定义板块;2014年9月份,开放第三方模板;2015年,第三方模板的升级;2016年,无线店铺装修开放。

这些都在提醒卖家,要关注视觉,要关注产品的视觉呈现。

前面的章节告诉了我们许多电商理论知识和平台调研数据,那如何将这些学到的知识落实到位,就是我们接下来的问题。

6.1 店招设计指导

6.1.1 店招的现状

目前,速卖通平台PC端设计有两种店招状态。

第一种,系统模板下的店招,如图6-1所示。

图 6-1

系统模板的店招设计,是默认的店招展示形式,我们开通店铺后第一次进入旺铺装修后台,就能见到这个店招板块。它的展示结构单一,设计及功能也比较简单。是2013年9月出现的。

第二种,第三方模板下的店招,如图6-2所示。

图 6-2

第三方模板里的店招功能强大,在系统板块图片展示的基础上,增加了许多实用功能，如非常重要的搜索栏、热搜关键词、店铺收藏等。

第三方模板店招有一个非常强大的后台，如图 6-3 所示。

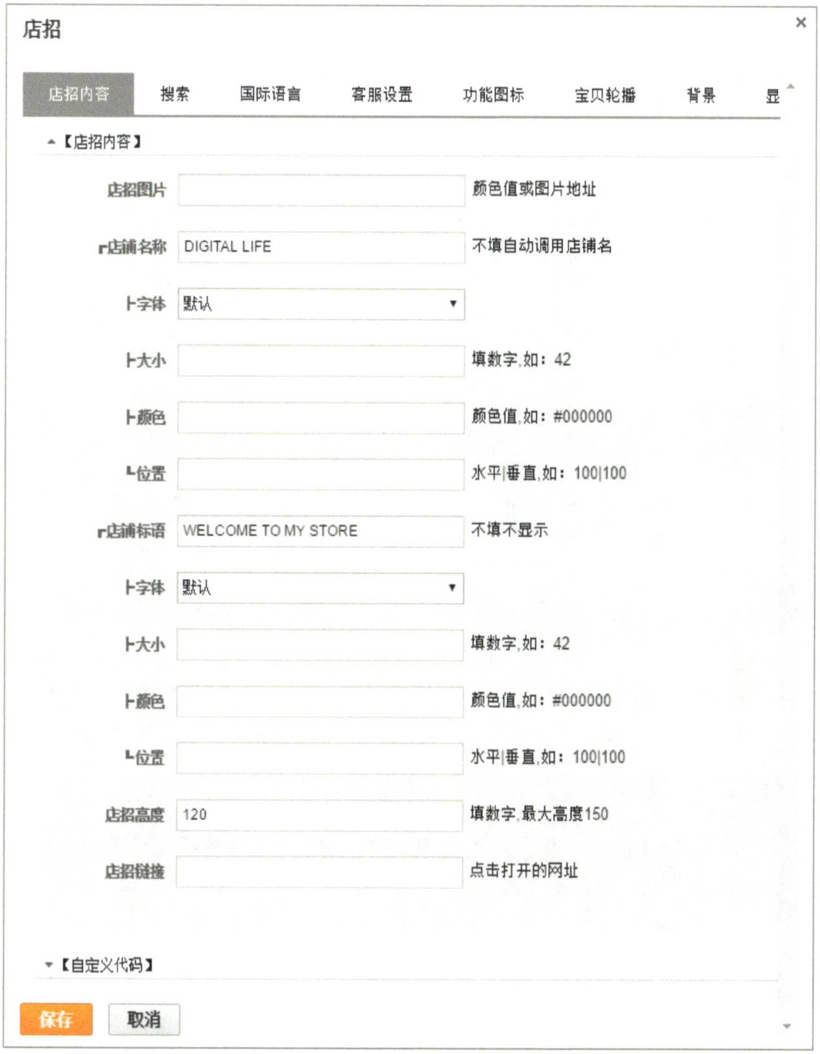

图 6-3

在图中可以看到，有店招内容、搜索、国际语言、客服设置、功能图标、宝贝轮播、背景、显示设置等内容。我们要制作好的店招设计，就要了解店招所能支持的效果，了解这些内容的设置。

6.1.2 系统模板店招设计

据统计,系统模板的使用率很高,尤其是中小卖家和新手店铺。在这里我们也讲解一下系统模板中的店招板块。

系统模板中店招的后台比较简单,如图 6-4 所示。

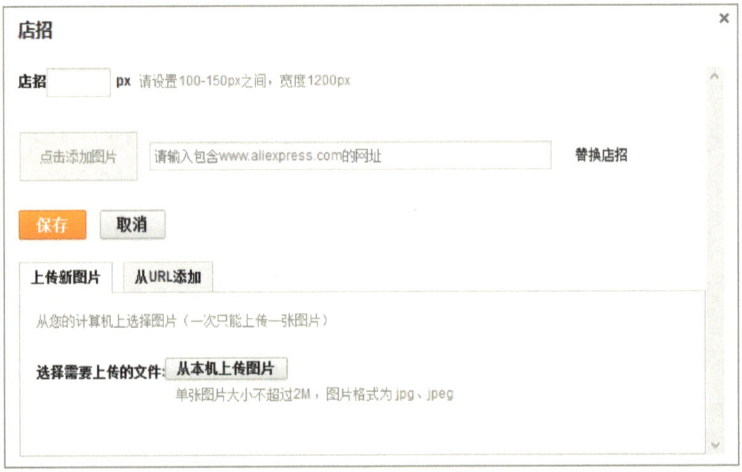

图 6-4

系统模板中店招的宽度为 1200px,高度为 100~150px。我们建议用 150 PX 的高度。在系统模板里,店招只能放一张图片,这张图片只能加入一个对应链接。所以我们在设计系统模板店招的时候,尽量围绕一个主题去打造。

店铺名称、店铺 Logo,当然是不能缺少的,我们可以将店铺名和 Logo 靠左放,如图 6-5 所示。

图 6-5

也可以将店铺和 Logo 放在居中的位置,如图 6-6 所示。

图 6-6

这样的店招,通常会链接到店铺首页或者产品页面。

当然,从视觉营销角度考虑,在不同的时间我们有不同的店招方式。例如在"双11"期间,我们可以设计具有"双11"促销氛围的店招,在"黑色星期五"则设计具有"黑色星期五"风格的店招。

在店铺活动及平台活动期间,我们放的促销信息可链接到优惠券页面,等等,如图 6-7 所示。

图 6-7

优惠券的链接在导航栏。

在推新品的时候,我们还可以放新产品在店招上,快速增加产品的转化,如图 6-8 所示。

图 6-8

我们只需将该产品的链接加入店招就可以了。

系统模板的店招虽然只能放一个链接,但我们也要去争取这个板块所带来的运营价值。一个店铺有几个重要的点,客户进入店铺后,它们会重复出现在客户的眼中。店招就是其中之一。所以即便是系统模板,我们也要用心去设计。

此外,我们的系统模板是可以支持 Gif 图的。将 Gif 图设计出来后,上传到 www.1688.com 图片空间,复制图片 URL 地址。

在速卖通后店招操作后台，选择"从 URL 添加"，粘贴图片地址就可以了，如图 6-9 所示。

图 6-9

因为图片需求每个平台有所差异，我们需要把 www.1688.com 平台上的图片地址加工一下，把默认的"https://"修改为"http://"。

6.1.3　第三方模板店招设计

第三方模板的店招非常有实用性，之前我们也看过了，它有一个强大的后台系统。现在我们就来分析一下，在这个第三方模板中，我们的店招具体可以如何设计。

6.1.3.1　店招切片

当我们看见切片的字眼时，马上就会产生一个想法：店招中是不是可以添加多个链接了？答案是肯定的。

如图 6-10 所示，店招内容里面有一个"自定义代码"。它可以支持 HTML，所以切片的代码是可以放在这里的。

同样一个店招有不同的设计表达。如图 6-11 所示，我们可以在放店名的地方加店铺的链接，在放产品的地方加产品的链接，甚至在后面可以加一个店铺收藏的图标。

第6章　旺铺视觉设计指导

图 6-10

图 6-11

如果排除店铺的品牌形象，只考虑切片的表达方式，我们也可以在店招里面用自定义方式来推很多热款，如图 6-12 所示。

图 6-12

按这样的方式，我们就能在店招中做多个热款推荐。当然，这只是一个理想状态。所谓过犹不及，当我们放入了大量产品的时候，店招本身所代表的意义就消失了，完全成了产品板块，那对我们品牌形象和店铺调性是一种损失。所以我们建议，即使要做产品推荐，也尽量控制在三款以内。

6.1.3.2　双导航店招

我们可以把多个产品推荐到店招中，那产品分组可不可以呢？当然也是可以的，如图 6-13 所示。

图 6-13

导航只有 Products 一个产品总分类，需要将鼠标放在 Products 按键上，热卖类目才会在下拉菜单中显示。假设店铺目前以 T-shirts、Polo shirts、Casual Shirts、Coats & Jackets 为主营类目。在不能设立子类目的情况下，我们就可以用店铺的自定义功能来加入这个分类。

双排导航的设计原理很简单，下面的导航栏是第三方模板的初始导航条，在这里我们可以设置背景颜色，店招上面有一半的导航条，是用店招自定义实现的，先在 Photoshop 中设计好，然后切片，加入相应类目的链接就可以实现。

说到这个链接，如果我们没有 T-shirts 这个分组，但是我们的产品又有很多需要使用这个组合，那我们应该怎么办呢？

我们只需要将 T-shirts 这个词输入速卖通最上面的搜索栏中，点击在本店铺内搜索，就可以生成链接了。

只要取色和设计风格统一，就不会出现杂乱的现象，依旧保持了店铺的调性，又与其他卖家有所不同。

6.1.3.3　店招搜索栏设计

搜索在店招中是非常重要的一个功能。试想一下，如果我们作为客户进入一家店铺，在第一屏并没有看到我们想要的那款产品，想要快速找到它时，我们就会借助搜索栏。如果店招上没有搜索栏，我们经常在哪里搜索呢？是的，我们会在平台搜索栏搜索，然后习惯性按回车键。这时细心的朋友可能已经发现，客户跳失了！

所以店招搜索栏就是为了减少和避免这样的资源跳失，下面我们就来看一下如何设计店铺的搜索栏。

我们在购买第三方模板时要注意，最好选择下面配有关键词的搜索栏，如图 6-14 所示。

图 6-14

这样我们就可以把一些热搜词，以及热搜类目直接放在上面，帮客户省下打字的时间。

搜索栏后台如图 6-15 所示。

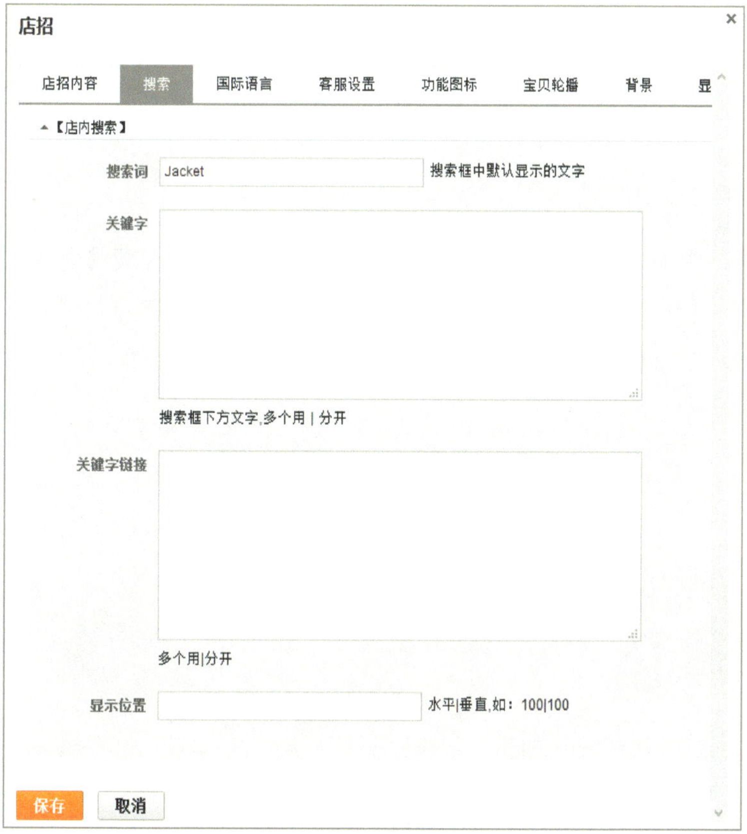

图 6-15

搜索词一栏出现的是默认搜索词，我们可以设置店铺新品，或者热卖产品词。关键字和关键字链接是一一对应的关系，如图 6-16 所示。

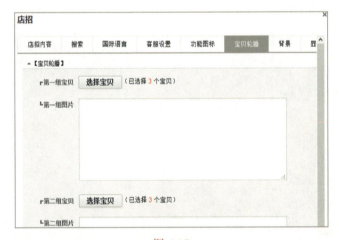

图 6-16

关键字与关键字之间,链接与链接之间,需要用"|"分开。特别提示:产品链接需要放前台链接,后台链接客户是打不开的。

6.1.3.4 宝贝轮播店招

在店招上加入热卖产品还有一个更加简便的方法,那就是调用店招中的"宝贝轮播"功能,如图 6-17 所示。

图 6-17

所有板块都一样,当我们在调用的时候,需要在显示设置中勾选对应内容,这样才能正常显示,如图 6-18 所示。

图 6-18

这时我们直接用切片是不行的,因为没有勾选"自定义代码"。其他功能板块也是同样道理。

对于宝贝轮播功能,我们只要按照轮播中的要求选择就行。可以设置并排三个产品同时展示,也可以是两个,可定义大小及位置,如图 6-19 所示。

图 6-19

效果图展示如图 6-20 所示。

图 6-20

6.1.3.5 全屏店招

全屏宽度通常是 1920px,那我们怎样让店招实现全屏化呢?这需要我们在设计的时候先做好 1920px 的背景。

在店招后台操作界面，点击"背景"选项卡，可以设置背景，如图 6-21 所示。

图 6-21

对于 1920px 的图片，速卖通的图片银行暂时是不支持的，会自动将其压缩，我们需要将图片上传到 1688 平台的图片银行，再复制图片 URL 地址粘贴到速卖通网站使用，如图 6-22 所示。

图 6-22

我们可以将店招的风格、轮播及店铺的风格统一，这样，店铺的整体结构就会一目了然，如图 6-23 所示。

图 6-23

店招的应用是灵活的，没有绝对的对错，我们只要在适当的时间，运用适当的店招就可以了。

6.2 Banner设计指导

第三方模板正在不断推广，Banner 的表现形式也越来越多样化，这也更凸显了 Banner 对于店铺视觉及店铺营销的重要性。本节我们从节日、活动及详情等几个方面入手，来学一下 Banner 的设计。

6.2.1 Banner 规范化要素

相信各位朋友都经历过这样的困惑，当我们想要推一款产品，或者要做新品推荐 Banner 的时候，总感觉无从下手。先是挑色彩，再来挑产品角度，然后选择字体，最后在排版中来来回回浪费时间。

其实对于商业图片的设计，我们要尽量减少这方面的时间浪费。我们不排斥在设计某些特殊产品的 Banner 时，要进行精雕细琢，但对于大部分图片，要实现营销和效率的完美结合。

那如何来提高设计 Banner 的效率，同时又不影响营销效果呢？那就需要我们将店铺 Banner 设计规范化。

6.2.1.1 产品图

产品图作为 Banner 中不可缺少的一部分，到底应该放在什么位置？之前有很多朋友凭借感觉来放，今天心情不错，产品放在左边，明天心情不好，产品放在中间。结果产品图最终完成的时候，横七竖八，非常没有秩序。

对于产品在 Banner 中的排版位置，我们采用最多的就是黄金分割的位置，如图 6-24 所示。

关于黄金分割的理论有很多，我们就不在这里赘述了。产品位置大约为一张 Banner 三分之一的位置，左右没有特定的限制，但对同一个店铺，尽量放在同一边。

图 6-24

在设计全屏海报的时候,我们还需要注意,黄金分割取内部的三分之一,还是 1920px 的三分之一是有区别的。速卖通主区的宽度为 1200px,如果我们没有注意这一点,设计的海报就很容易超出客户的屏幕。

如图 6-25 所示,两条线中间的距离就是速卖通主区,客户的屏幕有大有小,在小屏幕上展示 Banner 的时候,就只能显示一部分,而且产品的位置会非常尴尬,被切掉一半,这对产品的展示是没有好处的。

图 6-25

6.2.1.2 文字

前面我们从客户角度重新审视了店铺视觉。总结一下我们就会发现,它们有一些共同的特性,最简单的是都有文案。一个 Banner,尤其是在有实物背景的情况下,没有文案是非常糟糕的,因为客户不能快速抓住我们想要表达的卖点。不要忽略这些细节问题,毕竟它关系到转化率。

那添加文案又有哪些讲究呢？在设计的时候文案有什么规律？

一般来说，主标题在整个 Banner 中起到的都是点睛的作用，如图 6-26 所示。

图 6-26

副标题的种类就有很多了，可以是主标题的补充，也可以是参数展示、产品卖点等，如图 6-27 所示。

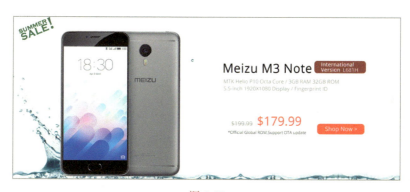

图 6-27

6.2.1.3 购买按钮

我们设计一款 Banner 的目的是什么？是促进转化，而不仅是为了好看，转化才是我们的目的。文案和图片都设计好之后,我们最不能忘记的一个步骤就是加点击购买的按钮,如图6-28、图6-29所示。

图 6-28

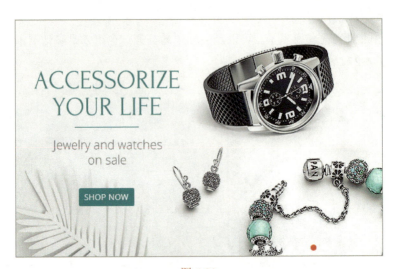

图 6-29

对于按钮的样式,我们使用最多的是平台式。这样,从平台到店铺都有非常统一的感觉,客户也会认为我们的店铺很官方化,很大气,如图6-30、图6-31所示。

第6章 旺铺视觉设计指导

图 6-30   图 6-31

所以，尽量避免今天水晶按钮明天金属按钮的使用方式，要使用有自己特色的图标，那就用心设计一下，然后统一店铺内的风格。

6.2.2 节日 Banner

对于跨境电商卖家来说，熟练掌握主要市场的文化，根据当地节日打造营销内容是非常重要的。

下面我们介绍一下对于跨境电商而言比较重要的节日。

6.2.2.1 黑色星期五

黑色星期五是国外的购物狂欢节，时间是 11 月的第四个星期五。黑色星期五的主色调就是黑色。

我们来看一下国外的一些经典案例，如图 6-32 所示。

图 6-32

图中用了蓝黑色，由黑色星期五的主色调与网站的主色调融合而成，是一种非常不错的设计。

再来看另一个平台是怎么打造的，如图 6-33 所示。

图 6-33

这里我们也可以看到,对于店商海报的主题,字体通常采用黑体。

我们一般会在一个月甚至两个月之前,对要展开的活动进行策划,寻找素材,国外的图片或者设计网站为第一选择,其次是国内比较有影响力的设计网站。

再就是学习知名购物网站,看它们历年来的设计特点,通过对比、学习、模仿,从而把握国外客户喜欢的风格,如图 6-34、图 6-35 所示。

图 6-34

第6章 旺铺视觉设计指导

图 6-35

对于速卖通平台，我们也可以有很好的展示方式，如图 6-36 所示。

图 6-36

跨境电商视觉呈现——阿里巴巴速卖通宝典

背景是历年来黑色星期五疯狂抢购的画面，里面充满了节日的疯狂，但同样也展示出不安全、拥挤、缺货等不稳定因素。而 Banner 的主角以平板电脑为工具，惬意地进行网上抢购，既有别样风情的对比，又能凸显网购越来越不可替代的作用。

对于黑色星期五这样一个网购的重大节日，我们通常不仅在主区做节日 Banner，还会在侧栏、横幅、详情中衬托节日氛围，如图 6-37、图 6-38 所示。

图 6-37

第6章 旺铺视觉设计指导

图 6-38

6.2.2.2 网购星期一

黑色星期五之后紧跟着网购星期一，对于网购星期一，我们也是不能忽略的。一般我们会将网购星期一与黑色星期五并行设计，但从细节上来讲网购星期一还是有它自己的一些特色的。

我们先来看英语国家网站的风格，如图 6-39、图 6-40 所示。

图 6-39

图 6-40

123

俄罗斯网站对网购星期一的设计也有自己的特色，如图 6-41 所示。

图 6-41

对于大型的节日我们都会这样做，因为统一的设计更能体现店铺专业性，品牌的感觉更加突出。这样的节日还有速卖通"双 11"、圣诞节、中国年等。

6.2.2.3 圣诞节

圣诞节是西方国家非常重要的节日，对圣诞节页面的设计主要分两种：俄罗斯圣诞风格和其他西方国家的圣诞风格。俄罗斯的圣诞老人"冰之父"，与其他国家的圣诞老人是不同的。

我们针对不同的主推市场，可以做相应的设计。

俄罗斯"冰之父"如图 6-42 所示。

第6章　旺铺视觉设计指导

图 6-42

欧洲圣诞老人如图 6-43 所示。

图 6-43

所以我们在制作Banner的时候，素材也要有所区别，针对主要的销售区域和国家，做出相应的调整。

由于圣诞节与元旦比较近，所以从资源方面考虑，我们会将圣诞节的设计融合元旦的一些要素，从而双节使用同一种风格。

在这里我们要注意的是，中国的元旦通常会有传统的过年的元素，所以我们通常以大红色为网站主色调。我们在关于色彩的章节中也说过，红色在跨境电商中还是要谨慎使用的。我们要避免网站过于华丽，出现设计与产品本末倒置的现象。国外的设计大都是简约风格，眼花缭乱、喧宾夺主是不可取的，如图6-44所示。

图6-44

适当加入节日元素就好，更能使Banner设计靠近国外客户的欣赏水平，如图6-45所示。

第6章 旺铺视觉设计指导

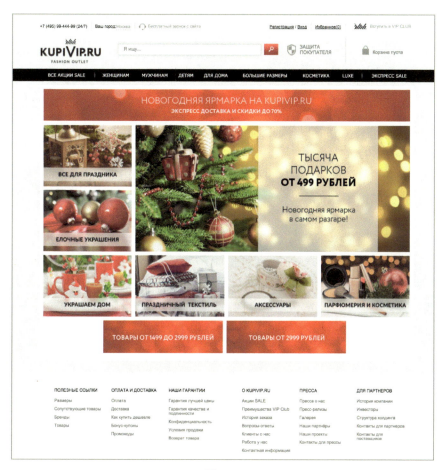

图 6-45

6.2.2.4　Banner 的灵活应用

在速卖通平台上，Banner 已经不单纯局限于轮播海报，侧边栏设计和详情内页设计中都可以加入 Banner，并且 Banner 也不局限于静态图片，我们可以在适当的时候使用 Gif 动画。

轮播海报也分为全屏轮播和普通轮播，区别在于全屏轮播海报的宽度为 1920px，普通轮播海报的宽度为 1200px。高度可以自由设置，建议不超过 800px。需要注意的是，海报的宽度不同，所以黄金分割点的位置不同，产品图及文字的排版也要有所调整。

在前面我们也看到了，做大型活动的时候，我们需要全面设计店铺的各个角落。

侧边栏是值得我们重视的一个地方。侧边栏的宽度为210px，高度不限，我们建议不要超过1500px。

在产品详情页中插入适当的Banner也是比较重要的，尤其是在新品推荐的时候，我们需要做新品Banner来引流。

详情页Banner的宽度为930px（随平台规定而变化），高度我们建议不要超过300px，如图6-46所示。

图6-46

我们来分析一下，图6-46中产品图与标题都有了，但是Banner还有一个要素，它的最终目的是要实现转化，那么我们是不是应该在这个Banner上添加一个点击购买的按钮？

Banner的使用直接影响我们产品的转化，以及店铺内流量的流失。同样，Banner的设计也影响品牌的效应及调性。所以我们要学以致用，将本节认真落实，真正发挥出Banner的作用。

6.3 设计比例指导

在设计中图片、文字、色彩都是非常重要的部分，但是有一个经常被我们忽略的地方，也会大大影响转化率，这就是设计的比例分配。好的比例会增加图片点击率，降低跳失率，使内容更加丰富，增加客户的点击欲望。在这一节中，我们就一起来看一下，设计比例到底是如何影响客户点击的，我们又应当如何利用设计的比例，做出更好的视觉效果。

本节中我们所看到的案例，主要涉及图与图的比例关系，以及图与文的比例关系等。

6.3.1 图与图的比例

根据统计,关于图与图的比例关系,经常用到的有六种:2∶3、1∶1、3∶2、2∶1、3∶1、4∶1,如图 6-47 所示。

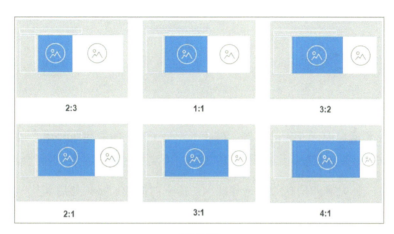

图 6-47

来看一下这些比例的实际应用效果,如图 6-48 所示。

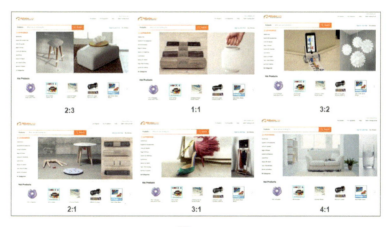

图 6-48

我们主要通过三个维度来分析这些比例:第一,客户主观满意度;第二,客户浏览顺序;第三,客户关注时间长。

从图与图的比例关系角度,更多的客户容易接受的是两张比例相近或者相同的图片，差距太大的基本都不喜欢，如图 6-49 所示。

图 6-49

满意度最高的是 1∶1 的比例，而 3∶1 与 4∶1 的右边图片由于过小，会让客户在心理上产生局促感，这种不舒服的感觉，不利于客户的转化，甚至会引起跳失。

虽然 1∶1 是客户所认为的最佳比例，但有时候我们必须使用其他一些比例的排版，这时我们需要按照如图 6-50 所示的顺序，在不能选择 1∶1 的时候优先选择 2∶1 或者 3∶2，其次是 2∶3，最后再考虑 3∶1 或 4∶1。

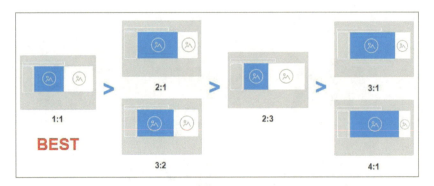

图 6-50

下面我们来看一下眼动追踪，如图 6-51 所示，在图与图的版面中，客户都是先看左边，再看右边。

再来看一下第一张图，这张图右边的部分面积大，但客户依然是从左边向右边看。这和我们的阅读习惯有关系，因为在平时阅读中我们都是遵循从左至右的顺序。

图 6-51

我们来总结一下图与图的比例关系：

首先，客户更加喜欢左右大小相近或者相同的 Banner，如 1∶1、2∶1。

第二，客户喜欢左图大于右图的比例关系。

第三，面积大的图片，客户的关注时间会更长。

最后，左边的图片优势要大于右边的图片。

使用的最佳案例，就是我们每天打开都会看到的速卖通首页图片的比例关系，如图 6-52 所示。速卖通的主页所用的图图比例就是 2∶1。

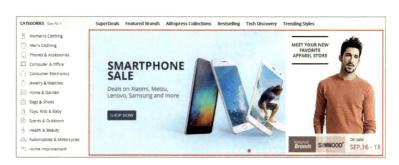

图 6-52

6.3.2　图与文的比例

对于图与文的比例，我们同样也统计了六种常用的比例关系，如图 6-53 所示。

它们分别为 2 ∶ 3、1 ∶ 1、3 ∶ 2、2 ∶ 1、3 ∶ 1、4 ∶ 1。

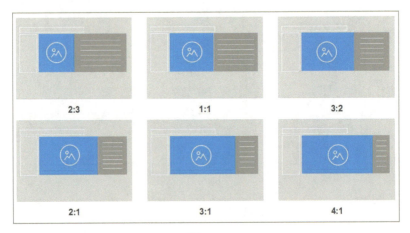

图 6-53

对这六种常见的图文比例,客户的主观满意度也有所不同,绝大多数客户喜欢文字少而简练,而不是大段冗杂的文字的设计。

所以,与图图比例不同的是,对于图文比例,客户更喜欢 2 ∶ 1、3 ∶ 1 这样的比例,如图 6-54 所示。

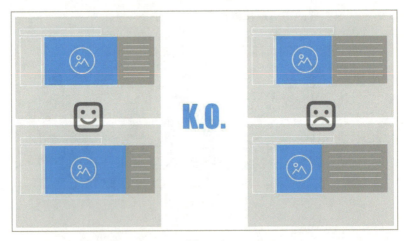

图 6-54

图文比例让我们的设计又多了一项选择,当我们在不得已的情况下必须选择

4∶1这样的比例,那我们就可以综合图图与图文的比例关系,选择一个最优的方案来设计,如图 6-55 所示。

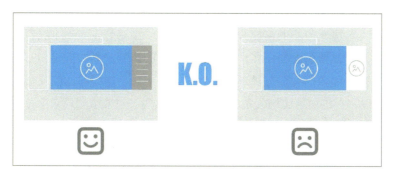

图 6-55

我们综合来看一下,在六种比例关系中,图图与图文比例各有哪些优势,便于我们在日后的设计中灵活使用比例分配,如图 6-56 所示。

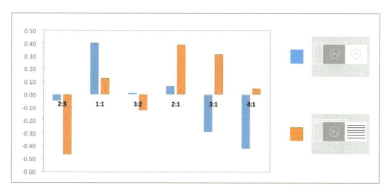

图 6-56

上图中蓝色为图图比例关系,橙色为图文比例关系。经过分析,我们可以认识到比例关系的差异。图图比例,客户更倾向于 1∶1 或者 2∶1 这样的比例,属于图片相差不大的类型,不喜欢的是 3∶1 和 4∶1 这样差距过大的图图比例。而图文比例中客户更倾向于 2∶1 或者 3∶1 这样的比例,对比明显,重点突出,文字精练。而对于右图大于左图的比例方式,在图文和图图设计中,都是使用较少的,因为可以看到,客户并不喜欢这种比例方式。

对于图文的比例,我们也可以整理出一个选择顺序表,如图 6-57 所示。当能选择2∶1或者3∶1的时候尽量先选择这两个比例，如果不能就优先考虑1∶1或者4∶1，其次，我们再考虑3∶2，最后才考虑2∶3。

大家这里会对3∶1与4∶1的差异有所疑问，这两个比例是差不多的，都是左边比较大，右边比较小的情况。那为什么是3∶1要好于4∶1呢？这是由于我们的打字及阅读习惯引起的，客户喜欢左大于右的比例关系，但是，右边太小，会使得文字断行特别多，甚至有时连一个单词都打不完，这样的比例就会造成阅读上的麻烦，所以，在这两种比例关系中，客户更喜欢3∶1的。

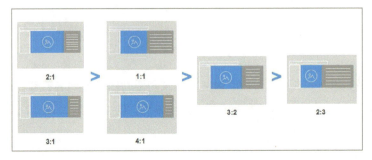

图 6-57

再来看一下图文的浏览顺序情况，如图 6-58 所示，无论哪种比例，客户都是从左边向右边看，这同样是由阅读习惯引起的。

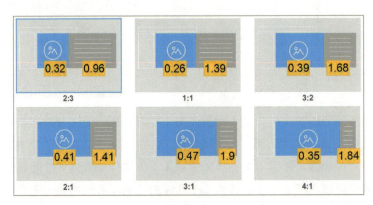

图 6-58

再看2∶3的比例，文字的面积虽然更大，但也没有更多的优势。

对于图文的关注时间，不同于图图的情况，不是面积更大的占优势，无论文字的比例多大，客户的注意点都是在图片上的，如图 6-59 所示。

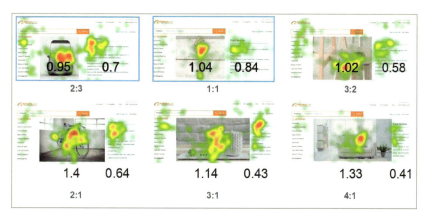

图 6-59

总结来看，图文方面：

第一，客户更喜欢文字精练的排版方式。

第二，图片比文字更有优势。

最后我们来看一下图图比例与图文比例的对比情况。

当比例关系是 4∶1 时，图文的设计要比图图的设计更有优势；

当比例关系是 3∶1 时，图文的设计要比图图的设计更有优势；

当比例关系是 2∶1 时，图文的设计要比图图的设计更有优势；

当比例关系是 3∶2 时，图图的设计要比图文的设计更有优势；

当比例关系是 1∶1 时，图图的设计要比图文的设计更有优势；

当比例关系是 2∶3 时，图图的设计要比图文的设计更有优势。

依据这样的比例关系，我们可以更好地发挥自己的设计能力，以更好地展示我们的产品。

6.3.3 移动客户端的比例

随着移动端交易量的不断上升，移动端的设计也逐渐成为一个热点。同样，对于移动端的设计比例，也在不知不觉中影响着转化率。因此对于移动端的设计比例，我们也做了相应的调研。

移动端经常用到的是分栏比例，我们通常见到的分栏比例有3∶2、1∶1、1∶2、1∶3这四种，如图6-60所示。

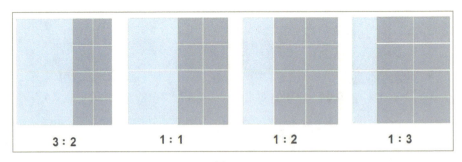

图6-60

在移动端的主页设计中，我们可以在自定义主题活动栏使用上述比例原则，如图6-61所示。

图6-61

效果展示如图6-62所示。我们可以在主题活动内按产品设置热点链接，达到我们想要的比例效果。

图 6-62

本节我们通过一些具体的设计案例深入学习了速卖通平台设计的实用技巧，通过真实的设计案例，我们可以了解设计师在构思一个板块时是怎么考虑的。我们经常说，模仿一个画作是容易的，而更为重要的是学会别人的思考方式，希望读者通过对本节的学习能有所收获。

6.4 无线端店铺设计指导

在过去的这段时间里，速卖通视觉展现技术层面进步最大的当属无线端设计。由此我们也可以看出平台对无线端的支持。某些高客单价的行业可能还没有感觉，但事实上不少类目移动端的付款比例早已超过了50%。这个比例会随着移动互联网的普及继续加大。

那么，随之而来的问题就是，我们的移动端设计跟上了吗？很多朋友提到这个问题都是一脸茫然,去年还没有移动端设计,2016年就连续来了两次质的飞跃。2017年我们在看到福音的同时,也增加了不少对设计的担忧。

本节我们就针对平台移动端设计,从移动端店招、图片模块、产品推荐模块、主题活动模块四个方面做出系统性的讲解,希望能帮助各位卖家朋友,早日将移动端设计落地,从而获得更高的产品转化率。

6.4.1 无线端店招

6.4.1.1 店招的重要性

店招,是我们并不陌生的一个板块,在PC端设计中,我们也讲到店招的重要性,同样,在移动端,店招仍然是我们品牌、店铺调性的一个重要展示板块。

店招位于移动端店铺设计的最上部,可它并没有PC端那么强大的功能,目前还不能加入链接,但是它又不可删除,如果我们不去做移动端店招设计,那么这个位置就会默认为系统的界面,这样就浪费了一个黄金位置,如图6-63所示。

图6-63

我们不能否认,虽然失去了链接功能,但是店招是客户对移动端店铺的第一印象,我们的品牌展示,我们的店铺调性,甚至是我们的服务态度、品牌态度,都会通过这里展示给卖家,所以我们依然要慎重对待移动端店招。

6.4.1.2 店招的规格和设计要点

那什么样的店招才算是优质的移动端店招呢?我们先来看两个案例。

朋友给实体店做了一个这样的店招,如图 6-64 所示。

图 6-64

就像这个店招所展示的,目前很多卖家恨不得通过一个店招把所有的产品都展示出来,让客户以最直观、最快速的方式认识到店铺中卖哪些产品。但也仅此而已,客户只能从店招中看到他需要的产品,并不能从中体会到品牌的溢价,感受最多也就是能够填饱肚子。

而通过这样的店招,我们很容易想到这个店铺中的产品该是什么样的价位,它的产品似乎就应该是这个价位,如图 6-65 所示。

图 6-65

而几乎用的是同样的食材,有些店铺就用心很多,这不仅是对客户的一种尊重,也是他们对自己品牌的要求,对自己品牌负责的态度,如图 6-66 所示。

图 6-66

同样都是美食,但不同的表达会得到不同的效果。像这样一个店招,给客户的联想空间就更加丰富。再来看这家店的深入展示,如图 6-67、6-68 所示。

图 6-67

图 6-68

卖家通过对店招的打造,让客户感觉到品牌的价值,增加他们对商品的肯定,它从中透露出的品牌元素,给人绿色、安全、原生态的信息,更适合现代人对于健康的追求,也更符合市场的需求。

通过这两个案例,我们可以稍微领会到店招的重要作用。再来看卖家的具体店招案例,如图 6-69 所示。这种感觉就与我们在图 6-64 中的体会类似。

图 6-69

还有的卖家更加夸张，恨不得把所有跟店铺有关的信息都放上去，也不考虑实际的作用。二维码通常是在 PC 端为移动端引流的，但是卖家在移动端店招中也会植入二维码，这是不可取的。客户在用手机浏览的时候，怎么还能腾出镜头再去扫描二维码？所以实际意义基本为零，还浪费了这么大的空间，又显得杂乱无序，降低了整体的品牌形象，如图 6-70 所示。

图 6-70

那店招设计的标准是什么呢？有什么设计要领和技巧吗？

首先来看一下店招设计的标准和要求：

1. 请上传 720px×200px 尺寸的图片。

2. 上传图片格式必须为 JPG 或者 JPEG。

这是平台要求的店招规格，在这个基础上我们展开设计，因为不能加入链接，所以单个产品的展示就相对来说用处小一些，当然不排除我们需要增加新产品认知度的情况。多数情况下我们建议打造品牌形象，例如 6-71 所示。

图 6-71

上述店招在产品的适用场景中加上品牌 Logo，看起来简单大气，品牌的形象很容易展示出来。图 6-72 也是这样的道理,只是我们认为,图形更直观,容易被客户记住,所以我们建议还是放上品牌的 Logo。

图 6-72

在这里我们一定要按照平台的规定，平台对店招尺寸的要求是 720px×200px，那我们就要做这么大的图。如果我们要使用的图不符合这个要求，那我们在缩小图片的时候要注意比例关系，一定要 1∶1 缩小，这样才不会出现如图 6-73 所示的画面扭曲的现象。

图 6-73

6.4.1.3 店招的上传

店招的上传比较简单，我们只要将做好的店招图片直接上传就可以了，如图 6-74 所示。

图 6-74

6.4.2 图片模块

无线端店铺设计升级后的一大亮点,就是图片模块。图片模块已由固定单张海报的展示方式升级为轮播海报的展示方式,为无线端的展示带来了新的体验。目前图片模块分为单图模式、单行多点击和图片轮播三种形式。下面我们一起来学习一下这三种展示方式不同的地方。

如图 6-75 所示,添加一个图片模块。

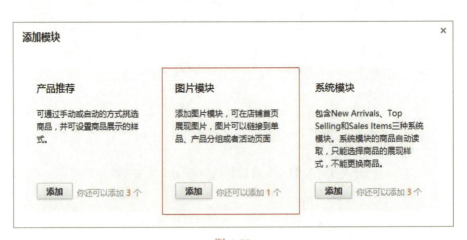

图 6-75

6.4.2.1 单图模式

顾名思义，单图模式是单张海报的展示方式，如图 6-76 所示。

图 6-76

单图模式的海报有两种规格：

1. 720px×200px。

2. 720px×360px。

我们在设计的时候一定要考虑移动端的情况，由于屏幕较小，所以文字的排版、素材的展示都要考虑仔细。不然文字太小、太多、太密，导致客户不方便阅读，会降低移动端转化率。

如图 6-77 所示，由于文字过小、过多而造成了移动端的阅读障碍，这种设计我们需要避免在移动端出现。

对于海报的设计我们也说过很多了，移动端海报也可以按照那些基本的设计要求来制作。首先要有产品的主标题，其次要有产品副标题，有要引导转化的按钮，商品摆放位置要符合黄金分割等。

图 6-77

如图 6-78 所示,这是简单大气的一种设计方式。

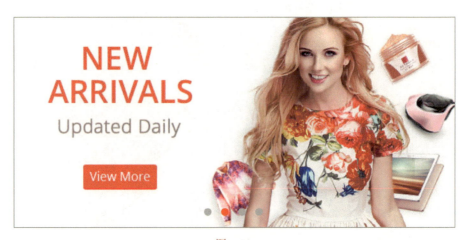

图 6-78

在图 6-76 中我们看到,一个图片会有多种链接方式:

1. 链接到产品分组。

2. 链接到无线活动页面。

3. 链接到具体的 URL。

4. 不带链接。

首先，链接到产品分组，这个产品分组是我们发布产品时就已经在后台设置好的产品组别，也只有这个分组才是有效链接。而通过 PC 端关键词搜索自己创造出来的分组，在移动端目前是不支持的。

第二，链接到无线活动页面，这关系到我们后面将要讲解的无线活动页面的设计，设计好的无线活动页面会自动产生一个链接，我们只需要将图片在后台关联起来就可以了。我们在做海报的时候，也可以为这个活动主题设计一款海报，如图 6-79 所示。

图 6-79

第三，链接到具体的 URL，通常来说就是指链接到某款具体的产品中。这种方式更具有针对性，所以海报也会以本款产品为设计主体，如图 6-80 所示。

图 6-80

最后，不带链接的海报，我们是不建议使用的，这种没有实际意义的图片，即使做得很好，也只能单纯用来提升品牌形象。当然如果你是完美主义者，一定要将6个图片模块都用完，又不知道该放什么的时候，就可以通过介绍物流、公司文化等来补充，如图 6-81 所示。

图 6-81

当然，像这一类没有具体意义的图片，我们尽量将它们的位置放到底端，避免影响其他板块的转化。

6.4.2.2 单行多点击

单行多点击是一种比较不错的展示方式，我们可以设计出许多好看的页面，只是我们需要仔细看懂它的要求，如图 6-82 所示。

我们一起来看一下图上的说明：单行多点击图片组件，可以通过上传 1—4 张图片，来实现在店铺首页添加一个单图模块或者一个多图模块的功能。添加多个图片时，必须确保每个图片尺寸完全相同，每个图片可设置不同的链接。

这里有几个信息需要注意。第一，最多可以放四张图片，也就是说最多可以实现四个链接；第二，必须确保每个图片尺寸完全相同。

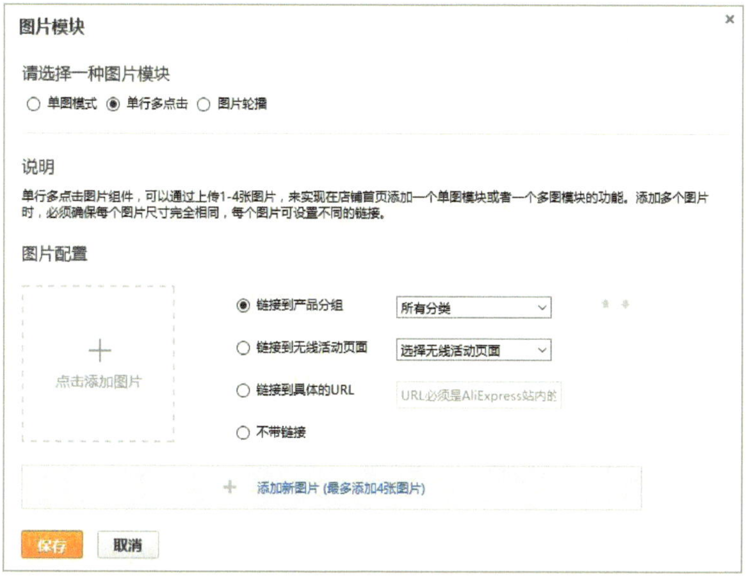

第6章 旺铺视觉设计指导

图 6-82

只要读懂这些，接下来我们的设计就简单多了。首先我们拿速卖通移动端的首页来示范一下。如图 6-83 所示，如果我们的店铺也做这样的排列，还要有好看的底色衬托，那么单行多点击就可以帮我们实现这个想法。

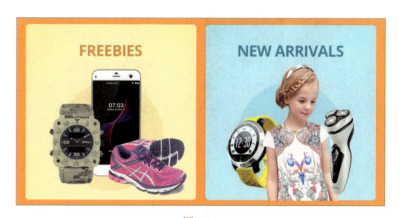

图 6-83

我们只要将设计出来的图片用 Photoshop 中的切片功能垂直平均划分为两段就可以了。如果要使用的整体宽度为 720px，那么我们可以将图片平均分为两份、三份、四份。

如果这样你还没有什么感觉,那我们继续来看下一个案例,如图6-84所示。

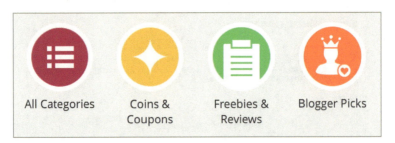

图6-84

不错,我们可以去设计更好的产品分组,只要符合单行多点击模块的两个要求就可以。有了产品分组,我们也可以更形象、更直观地展示产品,如图6-85所示。

图6-85

平时我们要展示两款产品,更多地是选择产品推荐板块,它是系统自带的,所以并没有什么特点,产品的展示也非常平淡,如图6-86所示。

第6章 旺铺视觉设计指导

图 6-86

下面我们用一个案例具体分析一下如何设计、制作及上传图片。单行多点击模块并没有限制图片的高度，它限制的其实是图片的相对宽度，就是宽度相等即可以。

我们可以先将要打造的区域平均分成两份（或者三份、四份），设置一条参考线在中线上，如图 6-87 所示。

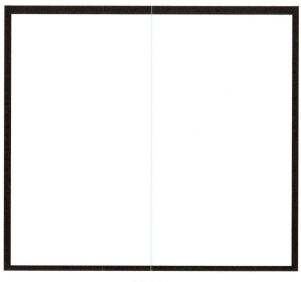

图 6-87

151

我们将两款产品按区域划分来设计，如图 6-88 所示。

图 6-88

这样，我们的设计就完成了，两款产品的规格都是 600px×360px，符合单行多点击模块的要求，按参考线切片后，我们得到这样两张图片，如图 6-89 所示。

图 6-89

打开无线端后台，在"图片模块"面板选择"单行多点击"，点击 A 处上传第一张图片，并选择"链接到具体的 URL"，从前台找到该款产品的链接，复制并粘贴进来。点击 B 处继续添加第二张图片，同样加入相应产品链接，如图 6-90、图 6-91 所示。

第6章 旺铺视觉设计指导

图 6-90

图 6-91

在后台可以看到我们的设计的单行多点击模块已经完成，看起来非常有感觉，下一步我们要在手机端预览一下，确认链接是否正确，以及看一下有没有误差。

点击右上角"预览"按钮，用手机客户端扫描即可，如图6-92所示。

图 6-92

6.4.2.3　图片轮播

第三种图片模块就是图片轮播，也是我们在PC端经常见到的模块。对于设计规格，它与单图模式相同，只有两种大小720px×200px、720px×360px。

轮播海报的上传比较简单，让我们一起来看一下图片轮播的后台界面，如图6-93所示。

点击A处选择"图片轮播"，在B处选择一款图片的规格，点击C处上传已经设计好的图片，点击D处继续添加图片，最多可以添加五张轮播图片。

轮播图片的链接原理与其他模块相同。

如图6-94所示就是上传图片后的展示。

图 6-93

图 6-94

通过对图片模块的学习，我们可以了解如何做好移动端的产品广告图，以及如何使用更丰富的展示形式来表现我们的产品，设计我们的店铺形象，从而提高产品的转化率，进而提高品牌认知度与品牌形象。

6.4.3 产品推荐模块

产品推荐模块与 PC 端的产品推荐功能类似，都是直接选择产品推荐的功能，移动端直接展示的就是产品的主图，后期设计调整的部分很少。

产品推荐板块有两个需要注意的地方，第一是模块标题，第二是产品的选择方式。

6.4.3.1 模块标题

产品推荐模块通常不设标题，或者简单设置一个文字标题。在移动端，有一个比较方便的地方就是新增了一个"图片标题"功能，如图 6-95 所示。

图 6-95

我们选择"图片标题"，可以看到系统图片标题的规格要求，如图 6-96 所示。

图 6-96

图片的规格为 720px×200px，与店招的大小相同，并且与店招一样，图片标题中是无法加入链接的。

图片标题更加形象，与产品分组结合是一个不错的方式。如图 6-97 所示。

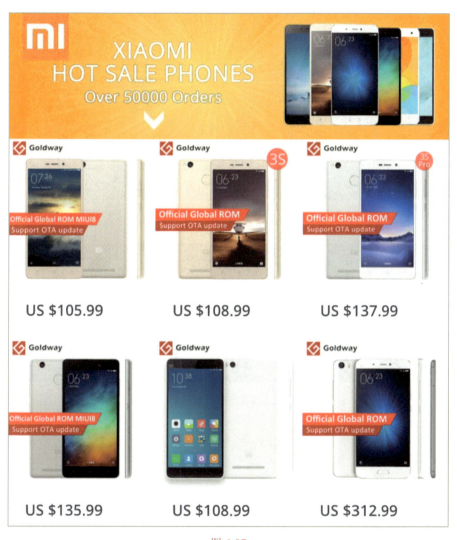

图 6-97

当然也可以改变一下店铺的画风，如图 6-98 所示。

图 6-98

6.4.3.2 选择方式

产品推荐的选择方式与 PC 端相同，都是分为自动和手动选择两种。这很好理解，我们也就不再赘述了，让我们来看一下具体的展示样式。

一行两个商品、一行三个商品是我们经常见到排版方式，如图 6-99 所示。

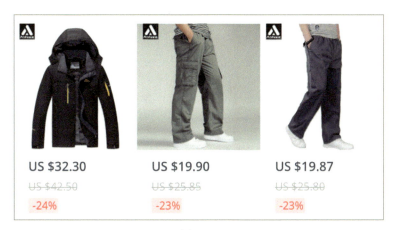

图 6-99

当然也有一些特殊情况，我们有些卖家会选择一行一个商品，这样也是一种不错的展示方式，如图 6-100 所示。

图 6-100

6.4.4 主题活动模块

移动端的主题活动模块是非常棒的一个板块，它可以自定义一个子页面，可以是营销活动，也可以是新品推荐、品牌展示等。

进入移动端店铺后台，在侧边栏找到"＋添加主题活动"按钮并点击，如图6-101所示。

图 6-101

6.4.4.1 基本设置

首先我们要为主题活动模块设置一个英文标题，然后可以在备注里面标记提醒信息。在类型里面我们可以有四种选择：促销、新品、品牌、搭配，选择一种我们想做的活动，如图6-102所示。

6.4.4.2 正文

我们着重讲的是主题活动模块的正文。首先我们看到版面只有一个可点击的按钮，即"添加图片"按钮，如图6-103所示。

图 6-102

图 6-103

表面上看非常简单,我们点击"添加图片"按钮,如图 6-104 所示。

图 6-104

热区图片设置让我们联想到 Dreamweaver 里面的热点，那这里能否实现热点的功能呢？答案是肯定的。只是目前我们的热点只能以矩形的方式来划分，不能实现自定义区域的划分。让我们来看一个案例。

点击"添加文件"按钮，从本地电脑中选取我们已经设计好的产品图片，如图 6-105 所示。

图 6-105

这时我们看到系统的提示："请在图片上单击并拖曳出一个矩形，并在下面的方框内添加矩形点击后的链接。一张图片可以添加多个链接。"

通过分析我们看到可以一图多链接，并以拖曳矩形的方式来实现。再来看一下我们设计的主题活动，关于一款帽子的专题活动，如图 6-106 所示。

图 6-106

设计一改中规中矩的画风,加入了很多设计元素,并且产品以矩形来排列,我们可以在各个产品上加入对应的链接,如图 6-107 所示。

图 6-107

将所有的链接放进去,点击"确认提交"按钮,结果如图 6-108 所示。

图 6-108

在确认信息无误后发布就可以了。我们将主题活动发布了,但并不是发布到移动端店铺了,在店铺中,我们还需要用一个图片模块来调用主题活动。

同样是这个案例,我们可以将三款类型的帽子做成一张大图来上传,也可以拆开分别上传,如图 6-109、图 6-110 所示。这样便于我们上传,以及对产品链接的管理。

图 6-109

图 6-110

我们依然可以用比较正规的排版方式，如图 6-111 所示。

图 6-111

在设计的时候，高度可以自由选择，宽度使用移动端的统一宽度 720px。

我们在设计的时候也可以利用一些视觉的错觉来呈现不同的效果，如图 6-112 所示。产品看似以三角形的方式排列，但实际上依然可以用矩形将产品划分开。

图 6-112

也可以参考速卖通首页的这种设计风格。

总之，主题活动给我们提供了很好的展示产品的模板，我们可以充分发挥想象力，将我们的产品视觉打造得更加生动、有活力，体现出品牌的特殊性。

本章从店招、Banner、比例、移动端设计等几个方面，用实际案例给大家展示了如何设计，如何操作。这只是一个开始。相信聪明的卖家朋友们在看了这么多精彩的案例之后，一定有了自己的设计想法与表达方式，那就大胆地去尝试吧！

第7章

产品详情优化指导

本章要点：
- 主图与颜色图
- 产品信息模块
- 产品描述

产品详情描述,关系到产品的曝光转化、浏览转化,以及订单转化,所以它的重要性不言而喻。而对于产品详情制作,每个卖家又会有自己独特的见解,有时候这种分歧的原因是个人喜好,有时候是商品差异,有时候是客户地域的影响,有时候是卖家自身实力的不同。总之,最后致使详情设计千差万别。

从速卖通平台的角度出发,也有少许矛盾。一方面,希望卖家更好地处理图片,更好地应用详情发布里面的各种功能,设计打造出独特而有吸引力的产品描述;另一方面,又不希望看到视觉过于绚丽,视觉效果盖过了产品本身功能的展示,导致喧宾夺主的后果。

由于平台的进步,我们的产品详情也在逐步变化当中,比如去除了网络地址图片的使用,去除了HTML的发布方式等。所以卖家也要学会与时俱进,及时掌握平台的各种信息,制作符合平台推广要求的产品详情。

我们通常理解的产品详情,单指产品详情描述的中间部分,从广义来说,详情其实还包含主图、标题、颜色图、属性、视频、产品信息模块、产品详情描述,甚至包含店招、侧边栏。

因为本章以视觉为主,所以对标题和属性等我们不做赘述。下面我们就一起来看一下,合理的产品描述应该如何来制作。

7.1 主图与颜色图

产品主图,就如同一个产品的脸面,它是客户看到该产品的第一印象,所以一定要精致。先来看一下比较优秀的主图,如图7-1、图7-2所示。

优秀的主图画面干净整洁,产品清晰明了。可以在主图的左上方标注品牌Logo。这是我们要做的主图的标准。

在这之前我们走过很多弯路,各位卖家受到国内平台的影响,经常将主图做得过于炫目。虽然暂时取得了较高的点击率,但长期来看,是对我们店铺及我们品牌调性的一种损伤。

第7章 产品详情优化指导

图 7-1

图 7-2

"牛皮癣"降低了我们产品的品牌价值,让客户感觉我们的产品是廉价的物品,甚至影响整个店铺,以及整个平台,如图 7-3 所示。

图 7-3

这种错误是比较低级的,因为是明知不可行而行之。一来,这样不仅会影响店铺的调性,损害品牌的价值;二来,也会让平台反感,因为这是老生常谈的问题,卖家却屡屡违规。这样一旦被搜索降权也在情理之中了。

169

主图要求：

图片格式为 JPEG，文件大小在 5MB 以内。

图片像素建议大于 800×800px。

横向和纵向比例建议在 1:1 到 1:1.3 之间。

图片中产品主体占比建议大于 70%。

背景为白色或纯色，风格统一。

如果有 Logo，建议放置在左上角，不宜过大。

不建议自行添加促销标签或文字。

切勿盗用他人图片，以免受网规处罚。

平台建议图片大于 800×800px，不过也不能过大，因为过大的图片对流量的消耗会更多，页面打开速度会减缓，从而影响购物体验。建议长度在 800px 以上，1200px 以下就可以了。

接下来就是颜色图，颜色图是主图的一个辅助功能。

比如鞋子这类的产品，颜色款式可能很多，这时候颜色图就起到了补充的作用，当然还有更重要的一点，就是便于客户直接选择他喜欢的款式，然后付款，如图 7-4 所示。

图 7-4

颜色图的要求：

单个图片不超过 200KB，支持 JPG、JPEG 格式。

建议颜色图的大小为 500×500px。

7.2 产品信息模块

通过详情页的一系列操作调整，基于 HTML 的切片和表格将逐渐退出产品描述的主流展示方式。这样我们对单一的图片和文案就有了更高的要求。

产品信息模块的功能非常重要。例如我们在"双 11"的时候可以做大促的活动信息，但大促一过似乎一发不可收拾，接下来，又是感恩节，又是黑色星期五、网购星期一、平安夜、圣诞节等，节日一个接着一个。

这时候如果按照传统的方式，到每个产品里面去单独添加活动信息，那效率一定会非常之低。产品信息模块主要解决的就是这个问题。

将 A 产品模块做好母版，我们只需要将这个信息模块插入到相应产品中就好了。待到我们需要用的时候，只需统一改动母版即可，无须再一个一个地添加更改。

产品信息模块有两种方式，一种为关联产品模块，如图 7-5 所示。

图 7-5

关联产品模块，是主要依赖于系统操作的一个模块，我们可以选择 8 款关联产品，如图 7-6 所示。

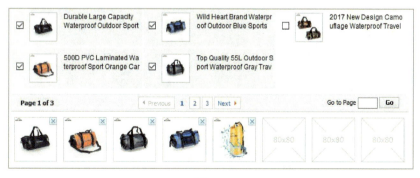

图 7-6

再来看一下关联产品模块的效果,它不会自动适应详情页的宽度,约占详情页2/3 的宽度,如图 7-7 所示。

图 7-7

第二种为自定义模块。自定义模块可以插入图片、文字及超链接。这种方式比关联产品模块更加开放。因为我们不仅可以放产品链接,还可以做新品促销的海报图、优惠券的领取链接、物流信息,以及重要通知等。

对于产品海报,如新品推广、活动促销、爆款打造等都可以利用这个板块的优势,如图 7-8 所示。

图 7-8

我们通常建议自定义模块中的海报,高度尽量不要超过 300px,如图 7-9 所示的海报高度就有点偏高。

第7章 产品详情优化指导

图 7-9

关联营销图片偏高，会影响到客户的购物体验。客户本来是想买 A 产品，页面中却不断出现 B 产品、C 产品、D 产品等，拖动一到两屏都没有看到他想要的那款产品的信息，这样的体验是比较糟糕的。如果只有一款也不是绝对不可以，这种比较高的海报要有它相应的价值才行，例如推爆款的时候和推利润款的时候。

我们也可以用这个模块做假期或者重大节日的通知。我们只需要将活动通知在自定义模块的母版中编辑好，或者做成图片直接上传到母版中，这样通知就很方便地显示在各个产品之中了，如图 7-10 所示。

图 7-10

做活动促销的信息也可以用这个板块，这样可以快速更替为下一个节日的活动，如图 7-11 所示为黑色星期五的优惠券领取链接，我们也可以放在模板中，便于客户领取。

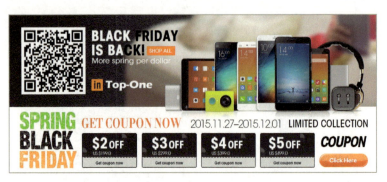

图 7-11

除去以上信息，还有体现店铺服务的信息、物流信息等，如图 7-12 所示。

SHIPPING AND DELIVERY

Shipping Way	Weekdays	Tracking Website	Shipping Way	Weekdays	Tracking Website
AliExpress Shipping	10-45 days	http://global.cainiao.com/	Aramex Express	5-15 days	www.aramex.com
ePacket	7-20 days	www.17track.net/en/	DHL	3-12 days	www.dhl.com/en.html
Post Air Mail	15-45 days	www.17track.net/en/	EMS	7-20 days	www.17track.net/en
PostNL	10-30 days	www.17track.net/en/	Special Line-YW	10-45 days	www.yw56.com.cn/index.aspx
HongKong Post	10-30 days	www.hongkongpost.hk	4px	15-60 days	http://express.4px.com/
Sweden Post	10-30 days	www.17track.net/en	Roymal Economy	10-30 days	http://www.sinoair.com
Singerpore Post	10-30 days	www.17track.net/en	Correos Economy	10-30 days	http://www.sinoair.com

Above Delivery Date is applicable for most cases. However sometimes parcels may be delayed for holiday, festival, bad weather, custom, Etc. Besides Express shipping way may have tax issue. In those case, your comprehension and cooperation is highly appreciated!

图 7-12

产品信息模块是一个十分方便的功能模块，我们要熟练掌握它的使用方法，才能更好地将店铺体系完善起来，真正在活动或者节日之时发挥这个模块的优势。

7.3 产品描述

产品描述是非常重要的一个环节。我们一定要清楚一点，就是客户第一次进入店铺，看到的就是产品详情，那么产品详情的专业度，就会直接影响客户对于我们品牌的定位和店铺的定位。

有些朋友简单地认为，产品详情不需要特别设计，放几张图片上去，就会有客户下单。这种模式在之前或许可以，随着平台的不断发展和各个类目的不断完善，客户有了更多的比较余地。继续随意上传产品详情，已经不再适应未来的发展。

并且，随意制作的产品详情，会无形中损坏店铺的调性及客户对品牌的认知。客户会认为跟这个名字、Logo挂钩的产品都是廉价的，长此以往，必然积重难返，想再跟上平台品牌化的步伐就难多了。

所以我们要认真对待每一款发布的产品的详情，时刻将其与店铺调性、品牌价值相联系，为日后品牌化打下坚实的基础。

那产品描述应该如何来做呢？下面就让我们一起来研究一下。

产品详情包含的主要内容：

- 产品海报图
- 产品外观图
- 产品实拍图
- 产品卖点展示
- 产品材质展示
- 产品参数表
- 产品功能展示
- 产品好评展示
- 物流信息
- 卖家品牌展示
- 赠品及促销展示

这是一个相对科学的产品描述结构，首先我们来看一下产品海报图。顾名思义，产品海报图，就是以海报的形式来展示产品的信息。那为什么要把产品海报图放在最上面呢？

因为海报图有很强的吸引力，以及丰富的情感渲染力。当客户刚开始看我们的产品的时候，或许还有非常多的疑虑，这时候就需要我们在最快的时间里抓住客户的心,让客户对该产品产生强烈的兴趣,这就是我们将产品海报图放在最顶端的原因。

我们来看几个案例:

如图 7-13 所示为一款女装产品的产品海报图。该图利用了海报图的展示风格,同时画风与时尚杂志封面非常相似,背景简单大气,无形中衬托出店铺的调性与品牌的风格。总体来说还是非常不错的一种展示方式,不足之处在于该图的分辨率为 950×960px,对于单张海报来说,高度太大,普通的屏幕无法全面展示产品的风采。

图 7-13

继续往下看,如图 7-14 所示为户外运动包。顶端用产品海报的形式展示,充满生活的气息,悠闲惬意,又有奔向远方丛林田野的冲动,情感丰富。尺寸合适,分辨率为 930×600px。不足之处在于,从画面意义上来看,并没有充分展示出"WATERPROOF"的功能。所以我们可以修改为更恰当的文案,或者替换为更合适的背景,图文并茂,让客户产生共鸣,从而进行购买。

图 7-14

产品外观图通常包含正面图、背面图、侧面图等,当然像一些电子产品甚至还需要做更细致的六面图。

外观图一般来说都是白底的,主要就是为了让客户更细致全面地了解产品,如图 7-15 所示。

图 7-15

我们也可以将产品外观图配合一些参数来打造，如图 7-16 所示为产品尺寸图。

图 7-16

产品外观图，也可以结合一些功能性参数来打造，如图 7-17 所示。

图 7-17

产品实拍图，对于 Fashion 行业的产品一般选择外景会好一些，电子产品可以用家庭或者办公环境为背景。但实拍图尽量避免用 Photoshop 修图，除一些小瑕疵外，要保持实拍图的真实性。

如图 7-18 所示，对于服装产品的实拍图，本来只要放上去就好了，并没有太多复杂的地方，但是通常速卖通平台产品详情图宽度为 930px 左右，为了保持长宽比，产品图片往往会过高。图 7-18 实际像素为 960×1400px，我们在之前也提到过，在店铺设计中也好，产品详情中也好，我们都要考虑图片的高度与电脑实际分辨率之间的关系。

第7章 产品详情优化指导

图 7-18

我们也可以将实拍图进行排版，如图 7-19 所示，这样产品的高度就会被我们很好地控制，也不会因为产品自身的比例影响页面整体的美观。

图 7-19

产品卖点展示，要选择产品的最重要的一个或几个卖点进行重点打造，如图7-20所示，产品主要想表达手机的 CPU 这个卖点，通过对游戏流畅度的展示，侧面反映出产品本身 CPU 性能优越的特点。

图 7-20

再来看下面这个产品卖点展示图，图 7-21 既是产品实拍图，又是卖点展示图，产品的防水性能，让客户通过图片就可以感受到。

图 7-21

那我们自己的产品都有哪些卖点呢？不同的类目、不同的产品都有自己的卖点，我们要认真剖析一下，抓住产品的几个重要卖点，来打造我们的卖点展示。

产品材质展示，是通过对产品材质的展示，让客户体会到产品的质感，从另一面让客户感受到品牌的价值，如图 7-22 所示。

图 7-22

上图对材质的展示就比较直接一些，用到的是羽绒，我们就把实物展示一下，采用的手法比较直观，也能让客户联想到很多，比如柔软的、天然的、轻盈的、透气的、保暖的等。

还有一种表达方式，是直接把材质的数据列出来，如图 7-23 所示。

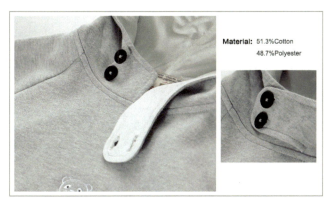

图 7-23

这种材质展示更强调产品，通过对产品及数据文案的展示，让客户直接联想到棉花或者涤纶，同时联想到舒适、柔软等感觉。

通过材质的展示，体现我们要表达给客户的信息。来加强客户对产品的信任、喜爱，进而购买的过程。

我们经常看到，品牌手机的官网也会有产品材质的展示，如图7-24所示。

图 7-24

通过对机身合金材料的展示，再配合文案，给客户带来专业、精致、科技感强等感受，从而加强客户对产品的喜爱与认同。

表格对于我们产品的信息展示非常有效，我们先来看一下优秀的产品参数表展示，如图7-25 所示。

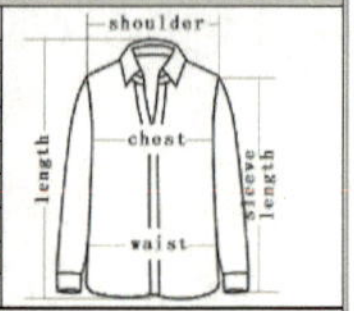

图 7-25

卖家将产品的各项参数罗列地非常清晰，而且采用多项衡量标准，有 INCH、有 CM，以避免客户因不理解而造成测量失误。这样就会极大减少产品由于尺码、属性等参数产生的各种纠纷。

我们可以将表格做成文字形式，当然如果嫌太麻烦，也可以做成图片形式，如图 7-26 所示。

图 7-26

用图片来展示表格的各项参数对比，设计感会更强一些，看起来会更专业，只是这样做步骤会更复杂，在参数或表格相对复杂的时候，不建议用这种方式。

产品功能展示与卖点展示有些类似，区别在于，卖点展示更为突出新功能或者其他产品没有的功能。产品功能就是该产品一些基本的功能属性。

这里我们借鉴一下品牌对于产品功能的展示方式，如图 7-27 所示。

图 7-27

这是一款蓝牙音响,基本功能是支持蓝牙链接、支持内存卡等,可以用这样的方式直接展示给客户。

对于产品好评展示。板块,我们通常会截取一部分客户好评的真实数据来展示,如果有客户秀的真实图片,那就更好了,如图 7-28 所示。

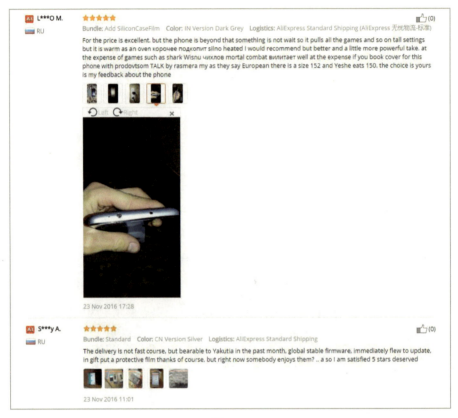

图 7-28

在使用的时候,我们要将客户的好评留言仔细读一遍,确认是对日后销售最有用的一些信息,对重点信息甚至可以进行标记。

还有一种情况就是我们有些时候为了促使客户尽快下单,会在详情部分的中央位置加入一个高度合适的好评截图,截图一定要超过普通的屏幕显示高度,如图 7-29 所示。

第7章 产品详情优化指导

图 7-29

好评的出现让客户得到一种暗示，产品详情中展示的信息，得到了其他客户的肯定，这样就可以确认买单了。但在下面我们还可以继续放置一些产品信息，一些特别理性的客户，对该产品还有所顾虑，我们可以继续让他们看下去。

许多纠纷都是源于物流这个因素，尤其是国际物流，丢包、延迟、清关等，任何一点没有跟上都会造成不必要的麻烦，增加客服压力，降低店铺指标。所以我们一直坚持做"物流可视化"。

那什么是物流可视化？就是将我们原本看不见摸不着的物流过程展示给客户，例如：我的产品需要经过那些中转站，每个过程需要多长时间，整个过程需要多长时间……这些展现出一个完整的物流时效图，如图7-30所示。

图 7-30

客户当然希望产品能尽早到达，但实际上他们在购买的时候也知道会有几十天的运送时间，客户的催促只是对发货和物流不太信任。我们做出物流的展示图，便于客户理解为什么包裹还没有到达，或者查询已经到达哪个中转站了，剩下的时间还有多久。这样客户的疑虑就会消除一大部分，从而降低我们客服的压力，提升店铺指标，减少纠纷数量。

当然，物流信息也可以做成表格，如图7-31所示。

图 7-31

卖家品牌展示在 B2B 平台经常能见到，但是在速卖通目前只有很少卖家在做。在品牌化的过程中，我们相信对于品牌的打造和展示也会在详情中发挥其作用，如图 7-32 所示。

图 7-32

品牌展示可以通过我们对实体店、工厂、生产线的展示，增加客户对于我们产品的信任、认可、关注，并在潜移默化中，让他们认识到这是一个有名的品牌，在某一天，可以通过我们的品牌来搜索相关产品。这个过程也许是缓慢的，需要我们不懈地坚持。

赠品及促销展示，通常我们会放在详情部分的首部或者尾部。通过"利诱"，让客户下单及支付。

这只是我们促销的一种方式，相信聪明的卖家朋友已经有了更多的想法。详情的板块结构也不是一成不变的，我们需要根据客户 FAQ、纠纷情况、客服反馈等不断总结，并调整详情板块的结构。

根据我们列出的一些要点，再基于销售的实际情况，相信卖家的产品描述一定会更上一个台阶。

结束语

速卖通视觉展望

跨境电商的发展非常迅速，各个平台之间也会不断地调整，全球速卖通当然也不例外。在平台不断调整的同时，整个视觉的展示方式也在不断调整。

2016年，速卖通对视觉部分进行了非常频繁，且非常重要的调整。从旺铺装修模板的改进，到移动端设计的开通，再到移动端的第二次改进、详情页的发布改革，等等。

相信很多客户在这么快的节奏中，都或多或少有些力不从心。但在这里我们告诉大家的是，要坚定自己的信心，跟紧平台品牌化的进程，跟紧移动端崛起的趋势，将自己店铺的视觉按照平台的要求做得更加专业，这样才能让我们的店铺始终立于不败之地。